送電系統の安定度

埴野　一郎　著

「d-book」
シリーズ

http：//euclid.d-book.co.jp/

電気書院

目　次

1　送電系統における安定度の種類

- 1・1　定態安定度 …………………………………………………………… 2
- 1・2　過渡安定度 …………………………………………………………… 3
- 1・3　動態安定度 …………………………………………………………… 4

2　定態安定度の計算

- 2・1　単一送電系統における定態安定度の具体的解説 ………………… 6
- 2・2　同期機の内部電圧とリアクタンスの扱い方 ……………………… 8
- 2・3　受電端を代表する等価負荷 ………………………………………… 9
- 2・4　回転機の慣性定数 …………………………………………………… 10
- 2・5　単一送電系統における定態安定度の理論計算 …………………… 11
- 2・6　多端子の送電系統における定態安定度の計算 …………………… 17

3　過渡安定度の計算

- 3・1　単一送電系統における負荷の急増 ………………………………… 19
- 3・2　並行2回線の単一送電系統における1回線遮断 ………………… 21
- 3・3　並行2回線単一送電系統における地絡または短絡故障 ………… 22
- 3・4　単一系統に対する過渡安定度決定法としての等面積法と相差角，角速度および角加速度に対する時間的変化の概要 ……………… 23
- 3・5　単一送電系統における等価慣性定数 ……………………………… 24
- 3・6　故障発生後における電力計算 ……………………………………… 25
- 3・7　単一送電系統に対する相差角変動の計算 ………………………… 27
- 3・8　段段法による相差角変動の計算 …………………………………… 29
- 3・9　段段法による過渡安定度の計算例 ………………………………… 32
- 3・10　相差角変動の近似的理論解法 ……………………………………… 34

4　動態安定度の概要

- 4・1　AVR不動とした場合の安定度 …………………………………………… 40
- 4・2　励磁機応答度 …………………………………………………………… 46
- 4・3　動態安定度を決定する理論式 ………………………………………… 47
- 4・4　動態安定度を考慮しなければならなくなった動機 ………………… 51
- 4・5　発電機固定子端部の温度上昇 ………………………………………… 52

5　安定度向上対策

- 5・1　線路および機器のリアクタンス ……………………………………… 54
- 5・2　突極同期機の制動巻線 ………………………………………………… 55
- 5・3　慣性定数 ………………………………………………………………… 56
- 5・4　故障区間の遮断時間 …………………………………………………… 56
- 5・5　高速度再閉路遮断器の採用 …………………………………………… 57
- 5・6　故障遮断後負荷抵抗のそう入 ………………………………………… 58
- 5・7　系統の中性点接地方式 ………………………………………………… 59
- 5・8　送電系統の構成 ………………………………………………………… 60
- 5・9　母線の結線法 …………………………………………………………… 61
- 5・10　調相機と並列キャパシタ ……………………………………………… 61
- 5・11　直列キャパシタ ………………………………………………………… 62
- 5・12　原動機の調速機 ………………………………………………………… 63
- 5・13　直交流系統の並列 ……………………………………………………… 64
- 5・14　安定度向上の間接的対策 ……………………………………………… 64
- 演習問題 ……………………………………………………………………… 65

送電系統の安定度

　交流方式の送電系統において，負荷のいかんを問わず，送受両端を定電圧で運転したとすれば，受電端で受電できる電力に一つの限度がある．かりに，直列インピーダンスの抵抗を無視したとすると，電源発電機の端子電圧と受電端変圧器低圧側電圧をそれぞれ定電圧とした場合，両者の間の相差角は，上記受電電力の限度に対し90°となる．

　受電電力の限度の他の一つは，送電線路に使用した電線の電流容量からもきまるのであるが，運転特性から決定される限度を，電流容量からのそれに近接せしめたほうが合理的であると，一応は考えられる．

　しかし，運転特性の限度とする相差角が，上述のように一義的にきめられるかというところに問題が生ずる．すなわち，交流方式の送電系統は，電源として同期発電機を使用するばかりでなく，受電端の無効電力制御のために，同期調相機を設けることもあり，また受電端付近に電源がある場合もあるので，いわば，送電線路を通じて，同期機が並列運転を行っているとみるべきである．よって，このような構成の定常状態において，受電端の負荷がわずかだけ増大した場合に，同期機間の並列運転ができなくなったり，あるいは，線路の突発故障により，同じく系統の同期機が解列したりするので，前記の相差角限度が常に得られるかどうかが問題となる．

　かように，交流送電系統が定常的にあるいは過渡的原因に基づいて，平常運転状態が乱された後，再度安定な運転状態にもどらせることができるかどうかを見きわめることを，送電系統の安定度 (stability of transmission system) といい，交流送電系統運転上の大きな問題の一つである．

　一方，直流送電系統では，直接には交流方式におけるような安定度問題はないから，受電電力の限度は，もっぱら電線の電流容量によって抑えられる．しかし，直流方式の送電系統が，二つの交流送電系統の間に存在する場合は，両交流方式の間に安定度問題があることは当然であろう．

　なお，交流送電系統における主なる電気的構成は，電源発電機・送受両端変圧器・送電線路および同期調相機であるが，発電機のそれぞれは，水車 (water turbine) ないし汽力タービン (steam turbine) などで駆動されているので，これら原動機 (prime mover) の速度制御 (speed control) のために，調速機 (speed governor) を設けているが，それらの運転特性 (operating characteristics) が，安定度問題に介入してくることは必然であり，また受電端の負荷の種類にもまた関心をもたなければならない．

　さらに，電気的構成各要素の機能や制御の諸問題が，系統安定度に重要な影響を与えることを銘記すべきである．以上のように，電気的および機械的関連をもつ送電系統の安定度について，概説を加えようとするのがこのテキストの主旨である．

1 送電系統における安定度の種類

この章では，安定度にどんな種類があるかを，もっとも簡単な送電系統について説明する．そのほうが，理解に有利であると考えるからである．

そこで，電源に同期発電機・送受両端の変圧器・送電線路および負荷として同期電動機からなる単一送電系統を取扱う．

1・1 定態安定度

上記の送電系統において，負荷である同期電動機の軸に，駆動すべき機械が直結してあるとする．いま，発電機と電動機の端子電圧を一定に保ちながら，電動機の直結機械の負荷を徐々にわずかずつ増していったある瞬時に，同期運転状態の電動機の極がスーッと滑り始め，しだいに回転数を落して，ついに運転停止してしまう．すなわち，電動機は電源発電機と並列運転，いいかえれば，同期運転（synchronous operation）ができなくなったことを示す．このような場合，送電系統は定態安定度（static stability or steady-state stability）を失ったという．もちろん，発電機は原動機で運転されているので，その入力（input）は一定と見てよいから，上記のように同期状態を逸脱，すなわち脱調（stepout）すれば，発電機の出力は，図1・1に示すように，ほぼ一定出力から急に低下して，反対に入力を受けるに至る．こうすると，発電機回転数の上昇は大きいので，原動機の調速機が動作して安定を期すわけであるが，その動作までの発電機出力，あるいは電動機入力は，図1・1のような電力オシログラム（power oscillogram）となるが，このようなオシログラムは，3相電力オシログラフ（three-phase power oscillograph）でとることができる．

［欄外］定態安定度／脱調

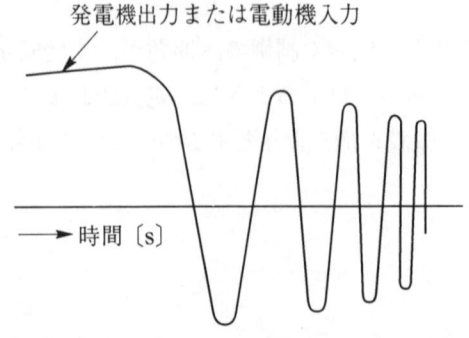

図1・1 脱調前後における発電機出力または電動機入力

図1・2は，両端の同期機間相差角が定常状態においてほとんどθ_0（度）が90°近くで運転していたとき，わずかに負荷が増したために脱調したとすれば，発電機および電動機の内部電圧e_gとe_m〔V〕は，二重矢で示す方向に移動するので，e_gとe_m

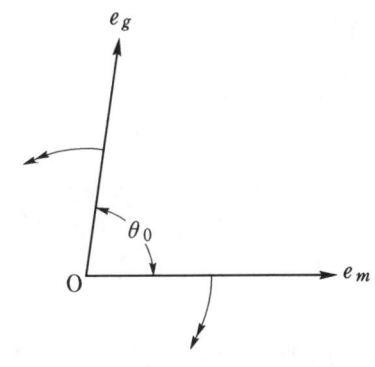

図 1·2　送電系統の両端同期機間の相差角

は 180°の相差角になると，発電機出力あるいは電動機入力は 0 となり，相差角が 180°以上になると，e_m が e_g より逆に進むようになるので，発電機出力が負すなわち入力を受けることが容易に考えられるところであり，e_g と e_m の間の相差角の増大が，滑りとともに激しくなるために，発電機の出力変動が，図 1·1 に示すように正・負交互に変動の速さを増す．なお，定態安定度を保てる限度の電力を，定態安定限度 (static limit or steady-state limit)，あるいは定態安定極限電力 (static power limit or steady-state power limit) という．

<small>定態安定極限
電力</small>

1·2　過渡安定度

1·1 で考えたような単一送電系統の送電線路において，1 線地絡，線間短絡などの故障が突発すると，送電端発電機から受電端電動機への正相電力は，定常状態のそれに比較してはなはだしい減少を示す．しかるに，発電機を駆動する原動機の出力，あるいは電動機により動かされる機械的負荷すなわち軸負荷 (shaft load) は急激に変化しないと考えられるので，発電機の入出力および電動機の入出力のおのおのの差によって，おのおのの慣性 (inertia) に従い，加速 (acceleration) ないし減速 (retardation) を起こす．しかるときは，図 1·2 で明らかなように，e_g と e_m の間の相差角が増大する．

したがって，故障突発によるショック（各同期機に対する入出力の差）が大きければ，相差角の増大が激しくなって，図 1·3(a) のように同期 (synchronism) を失うに至るが，ショックが小さければ，相差角がある大きさを限度としそれよりも大きくならないで，誘導電動機作用による制動トルク，電気的抵抗と機械的摩擦などにより，相差角変動の振幅は減衰するが，変動の周期は後述するとおり各同期機の慣性・誘起電圧・故障発生前の相差角および同期機間インピーダンスによって変わる．この場合の電力変動は図 1·3(b) に示すようになる．

このような突発的故障や，急激な軸負荷の増大などの過渡的原因によって，同期機相差角が同期を保てる範囲で変転するか，あるいは，同期状態が外れてしまうかの度合を論ずることが，過渡安定度 (transient stability) であって，過渡安定度を辛じて保てる直前の電力を，過渡安定限度 (transient limit) または過渡安定極限電力 (transient power limit) という．

<small>過渡安定度
過渡安定極限
電力</small>

1 送電系統における安定度の種類

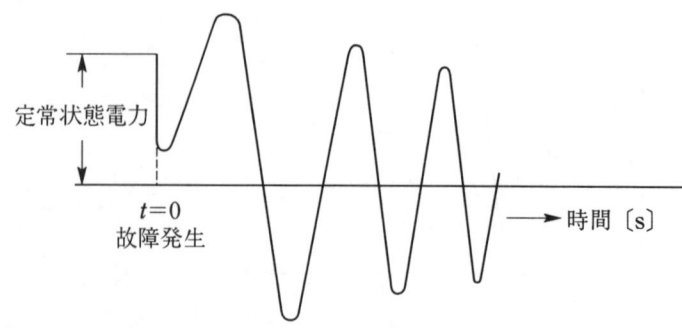

(a) 故障発生後同期がはずれた場合の電力変動

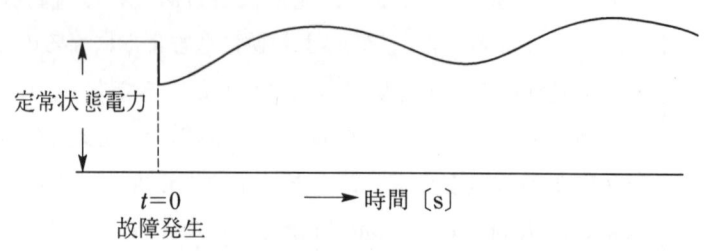

(b) 故障発生後なお同期が保たれている場合の電力変動

図 1・3

1・3 動態安定度

1・1 で述べた定態安定度では，送電系統における両端同期機が同期を保つか否かの前後では，それぞれの内部起電力を一定と考えた．いいかえれば，わずかの負荷変化に対し，同期機の励磁電流はすぐ応答できないとしたのである．

自動電圧調整装置 ところが，近来すこぶる敏感な自動電圧調整装置（automatic voltage regulator 略して AVR）が使われるようになったので，わずかの端子電圧低下でも，これを検出して励磁電流を変化させる速応励磁方式（quick-response exciting system）が動作するようになったから，定態安定限度において，内部の誘起起電力を大きくすることができるから，極限電力を大にすることが可能になった．

とくに，最近のように大容量タービン発電機が採用される場合，1日中の軽負荷時，すなわち深夜とか正午過ぎの休み時間とかでは，受電端電圧を高め過ぎる傾向があるので，これを一定限度に抑えようとすれば，勢い電源電圧を低くする必要が生ずる．このことは，タービン発電機の励磁電流を小さくするほか方法がないのを意味する．また，長い高電圧の送電線路と連系しているような場合には，その充電電流を一部負担することができるので，前記の軽負荷時の受電端電圧の上がるのを抑え，かつ進み無効電力（leading reactive power）を出すとすれば，両方の原因は，ともに

低励磁 発電機を低励磁（under excitation）の状態におくこととなるので，内部電圧が小さくなる結果，定態安定範囲がせまくなる．このような場合，定態安定限度に近ずくような傾向が生ずると，ただちに応答時間（response time）がきわめて早く，かつ増強量の大きい速応励磁方式を動作させて，定態安定限度を大きく拡大することが

1·3 動態安定度

できるようになった.

　このように，AVRの動作をかりて，系統の安定度が高められることを論ずるのが，動態安定度（dynamic stability）というのであるが，最近国際的に，AVRつきの安定度（stability with AVR），または人為的安定度（artificial stability）と，主張する向きがふえて，国際的用語に決定を見ようとしているが，著者は一応反対表明したのであり，わが国で使いなれたことからしても，この項の標題のように動態安定度としておいた．なお，AVRの動作がなく，またあったとしても，応答時間の長い場合は，誘起電圧一定と見られるから，このような場合を，とくに固有安定度（inherent stability）ともいう．

　上記，動態安定度の説明に，たまたまタービン発電機を例にとったが，水車発電機をもつ送電系統であっても，同様であることをつけ加えておく．

　この章の終りに当って述べたいことがらは，現在の送電系統の連系範囲はきわめて大きいので，単純な系統の安定度のような様相ではない．したがって，いくつかの電源の相差角変動が重なって電力変動が現われ，いくつかの変動後に脱調状態におちいる場合もあり，また連絡送電線路を通じて連系されているような場合，種々な要素（AVRや調速機動作，あるいは負荷変動など）により，一部系統に脱調を見るのは，とくに過渡的変動が起こった場合においてである．

（左欄注記：動態安定度／固有安定度）

2 定態安定度の計算

1・1で，定態安定度の概念を明らかにしたが，この章では，実際の送電系統に対する定態安定度の計算を示そう．それに至るまでの前置きを，2, 3記しておかねばならない．

2・1 単一送電系統における定態安定度の具体的解説

単一送電系統の送受両端同期機に対する慣性，したがって蓄積エネルギー（stored energy）を考慮した定態安定度を具体的に解説しよう．

両端の発電機と電動機の相差角がθ〔度〕となる一つの負荷時において，それぞれの励磁電流，すなわち無負荷誘起電圧がそれぞれ一定であるから，図2・1(a)のように電力円線図が描ける．この場合の発電機出力がa点であるとすれば，これに対応した電動機への入力はa′点であるから，発電機の原動機および電動機の負荷は，いずれもaおよびa′において，定態運転状態にある．

ここで，微少相差角$\Delta\theta$の増大があったとすると（微少負荷の増加とみて），発電機出力はa点からb点へ，また電動機入力はa′点からb′点にそれぞれ移るので，発電機出力も電動機入力も微少量増加する．

ところが，発電機を駆動する原動機の出力および電動機の機械的負荷は，相差角の微少変化でただちに変わらないから，発電機はその出力増大により減速し，電動機は入力が増し加速するので，両同期機はいずれも$\Delta\theta$の増大を抑制しようとする．

これと反対に，$\Delta\theta$が減少したとすれば，発電機出力も電動機入力も，ともに減少しようとするので，発電機は加速し電動機は減速するので$\Delta\theta$の減少を抑制しようとするから，両同期機が送電線路を通じての並列運転は安定（stable）である．

このような関係は，定常状態の負荷が大となって，相差角が両端同期機間インピーダンス（並列アドミタンスを無視）のインピーダンス角φ〔度〕に至るまであてはまるが，もちろん各負荷時ごとに，同期機の端子電圧を一定にするため，同期機無負荷電圧が違っていることに注意を要し，図2・1(a)と同じ電力円線図ではない．

さて，線路のインピーダンス角φに等しい相差角である場合の円線図を図2・1(b)とする．しかるときは，受電端電力は最大となるが，それがc′点である．c′点に対応する送電端電力はc点であるが，この場合$\Delta\theta$の相差角微少増加を考えて，c点がd点へ，またc′点がd′点へ移動したとすると，発電機のほうは出力増加となるので減

2・1 単一送電系統における定態安定度の具体的解説

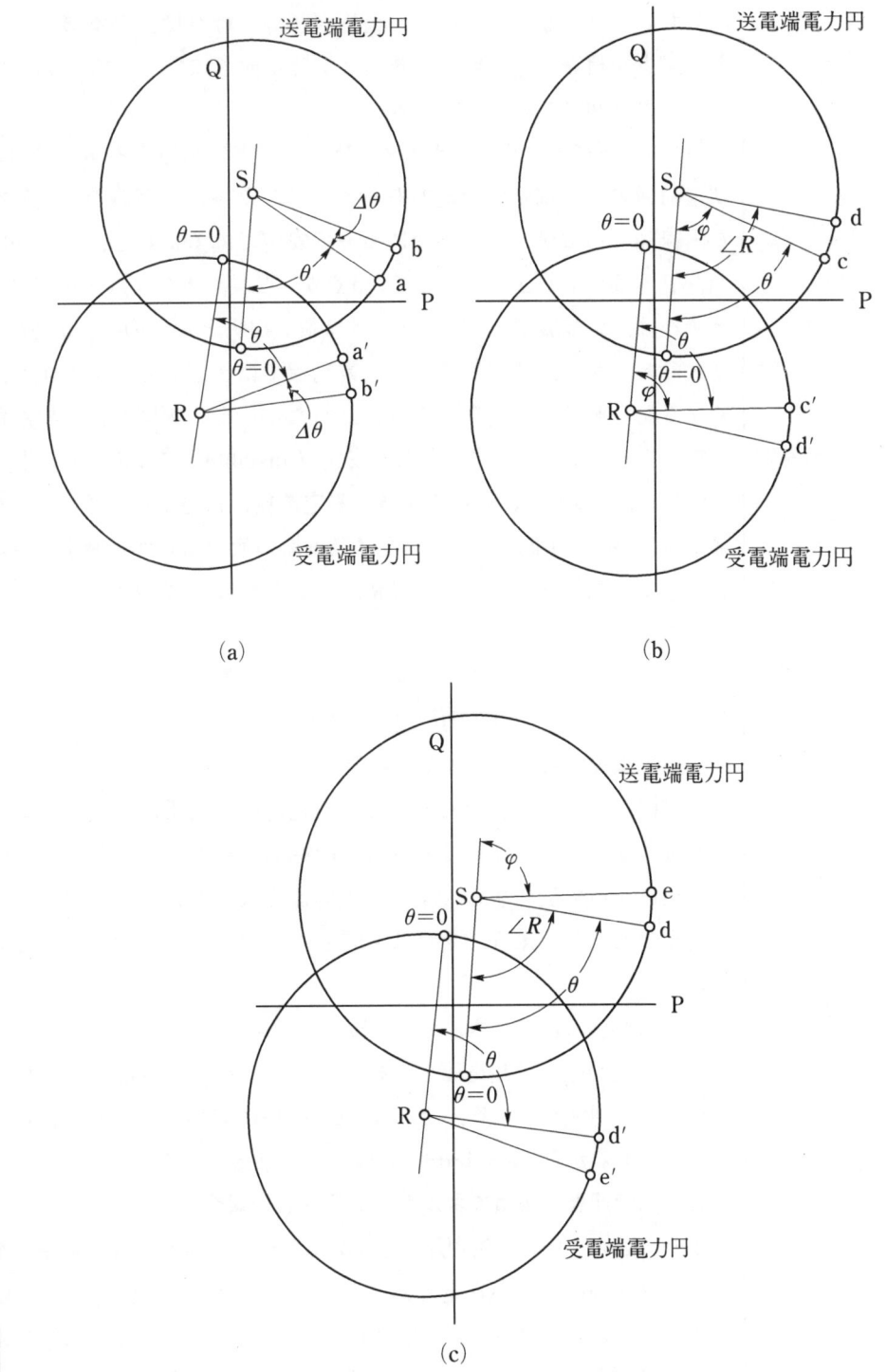

図2・1 相差角と定態安定度

速し,電動機のほうは様子が変わり入力が減少するから,減速しようとする.すなわち,同一時刻において両同期機はいずれも減速状態となる.

いま,両端円線図をよく調べるにあたり,かりに両端同期機の慣性,したがって蓄積エネルギーが等しかったとすると,$\Delta\theta$の増大により,発電機出力と電動機入力のいずれが大きいかによって減速の度合がきめられる.$\theta=\varphi$においては,発電機の出力増加が電動機の入力減少の割合より大きいから,相差角の増大を見ることがないので,やはり安定だといえる.

この関係は,相差角$\theta=90°$,すなわちd点とこれに対応するd′点までは同一傾

-7-

向であり，$\theta = 90°$において，慣性が相等しければ，発電機出力の増大と電動機入力の減少が相等しいために，減速と加速が同じになるのでθに変動を見ない．したがって$\theta = 90°$までは安定である．

つぎに，図2・1(c)は，d点および対応d′点に相当する角度において，発電機および電動機の端子電圧が一定であるようにした場合，両機の無負荷電圧をもって描いた円線図であるが，$\theta = 90°$において安定であるに対し，$\theta > 90°$となれば，すなわち$\theta = 90°$より$\Delta\theta$増大して，d点がe点に，またd′点がe′点に，それぞれ移ったとすれば，発電機はe点に至ってほぼ最大出力となるので，d点から$\Delta\theta$増せば出力増大であるから減速するに対し，電動機ではd′点から$\Delta\theta$増すと，一層入力が小さくなるから減速する割合が大きい．したがって，両同期機の相差角はしだいに大きくなろうとすること，すなわち不安定（unstable）になることは明らかである．

> 不安定

かりに，eおよびe′両点に相当する定常負荷状態から，さらに$\Delta\theta$が増した場合を図2・1(c)から類推すると，今度は発電機の最大出力から減退，結局，加速を見るに至り，また電動機のほうは一層減速するためにθの増大を見るので，不安定におちいることがわかる．

> 蓄積エネルギー

ここで，問題になるのは，両端同期機の慣性すなわち蓄積エネルギーの影響である．いまつぎに，2，3特別の場合をあげて見る．

(a) 発電機の蓄積エネルギー無限大の場合

発電機の出力に変動があっても，誘起電圧の位相は不変であるのに対し，電動機が有限の蓄積エネルギーであれば，両端同期機間の相差角は電動機の誘起電圧だけの位相によって変化する．よって電動機の入力が$\Delta\theta$の変化により，負にならない限度まで安定といえる．それは，図2・1(b)に示したとおり$\theta = \varphi$までであることがわかる．

(b) 電動機の蓄積エネルギー無限大の場合

反対に電動機の誘起電圧の位相が不変であれば，発電機のそれによって，両機間の相差角の増減がきまる．それは，図2・1(c)に示したように，送電端出力が最大の点までであるから，$\theta = 180° - \varphi$によって与えられる．

(c) 両同期機の蓄積エネルギーが相等しい場合

すでに図2・1(b)での説明で明らかなように，両同期機の蓄積エネルギーが等しければ，$\theta = 90°$までが安定であった．この場合を，他の方面から見ると，蓄積エネルギーのいかんを問わず両同期機間インピーダンスの抵抗分が0であって，リアクタンスだけだとすると$\varphi = 90°$であるから，このような場合は，$\theta = 90°$まで安定であるといえる．

2・2　同期機の内部電圧とリアクタンスの扱い方

同期機にAVR，とくに速応性著しいAVRが備えられると，端子電圧の変動はきわめて軽微になるのは明らかであるが，一般に，負荷電流の微少変動があったとしても，同期機の電機子と界磁の両巻線に対する磁束鎖交数は，急速に変化するわけに

はゆかない．そこで，界磁巻線と電機子の漏れ磁束による電機子側から見たリアクタンス，すなわち直軸過渡リアクタンス x_d'〔Ω，％またはpu以下同様〕と横軸同期または過渡リアクタンス x_q か x_q'（突極機では $x_q' \fallingdotseq x_q$，円筒機では $x_q' \fallingdotseq x_d'$）を用い，定常状態の端子電圧と負荷電流によって決定される仮想の過渡直軸電圧 e_d'〔V〕を内部電圧とし，かつ一定と見るのである．なお，リアクタンスとしては，水車発電機の場合 x_d' と x_q とが違っているから，近似的ではあるが，幾何平均値 $\sqrt{x_d' x_q}$ を採用し，火力タービン発電機では x_d' と x_q' はほぼ相等しい．

<small>リアクタンス</small>

上記したところと反対に，AVRがあったとしても，その応答時間が長い場合は励磁電流は一定，すなわち無負荷誘起電圧を一定と考え，また同期機のリアクタンスとしても，同期リアクタンスを使用すべきである．この場合も突極機に対し $\sqrt{x_d x_q}$ とするが，円筒機では $x_d \fallingdotseq x_q$ を使う．

<small>同期リアクタンス</small>

このように，同期電圧を内部電圧とし，同期リアクタンスを使用することは，後述の定態安定度計算に対しやや苛酷であるので，いくらか楽観的であるが，過渡直軸電圧 e_d' とリアクタンス $\sqrt{x_d' x_q}$ とを使ったほうがよいのではないかと考える．

一方，また定態安定度を決定する定常状態の同期機に対する力率が，かなり良好であるとした前提のもとに，突極機の場合，横軸同期リアクタンス x_q と，x_q に対応する仮想電圧を内部電圧とする場合もあるが，前述の二つの扱い方の中間位の結果がでるように思われる．

著者としては，断定的にいずれがよい結果が生れるとはいい難いが，大容量機と高電圧送電線路による送電系統には，最初に記した方法によるべきで，中小容量機が多く，かつ送電電圧もあまり高くない線路の送電系統では，二番目の方法がよいと思う．したがって，最後の方法は，さまざまな容量と送電線絡を取り交ぜたような場合に，適当しているのではないかと考える．

2・3 受電端を代表する等価負荷

これまで，送電系統の構成を，もっとも考えやすいように，送電線路の両端が同期機で，負荷も軸負荷としたのである．

<small>インピーダンス負荷</small>

もし，受電端に同期電動機のほかに電灯や電熱負荷のようなインピーダンス負荷がある場合には，これを同期機間の4端子定数におりこむのは，さほど面倒ではない．しかるときは，発電機，負荷インピーダンスを考慮した4端子定数および電動機となる．発電機と電動機の端子電圧を一定にするため，それぞれにAVRを備えているとすると，電動機は調相機を兼ねることはいうまでもない．

また，受電端負荷が全部インピーダンス負荷であったとしたら，これを4端子定数に含めた新規の4端子定数と，受電端電圧制御のための調相機，すなわち軸負荷をとらない電動機，新しい4端子定数および発電機という系統になってしまう．

<small>受電端負荷</small>

しかし，実際受電端負荷として，インピーダンス負荷と多数の誘導電動機負荷（induction-motor load）であって，同期電動機負荷は少ないから，誘導電動機負荷をすべて同期電動機負荷とすれば，定態安定度を計算から出した結果は，かなり悲観

的なものになる．そうかといって，負荷を全部インピーダンス負荷としては，楽観的すぎるきらいがある．実際的には，上記二つの場合の中間程度であろうと考えられるから，インピーダンス負荷として一応計算から導き，それを最大限であるとして，その何％かは余裕（margin）として考えておかねばならないであろう．

2・4　回転機の慣性定数

　定常状態における同期機の回転子（rotor）に加わる入力と出力は平衡しているが，これらに差違ができると，回転子は加速あるいは減速する．

　いま，I〔kg・m²〕の慣性モーメント（moment of inertia）をもつ回転子があり，これがω_m〔rad/s〕の機械角速度（mechanical angular velocity）で回転している場合，ΔT〔kg・m〕なるトルクの変化があったとすれば，動力（power）の変動は，

|動力の変動|

$$\Delta P' = \omega_m \Delta T \quad \text{〔kg・m/s〕} \tag{2・1}$$

|機械角加速度|

となる．この場合の機械角加速度（mechanical angular acceleration）は，

$$\frac{d\omega_m}{dt} = \frac{\Delta T}{I} \quad \text{〔rad/s²〕} \tag{2・2}$$

式(2・2)を書き直すと，

$$\frac{d\omega_m}{dt} = \frac{\Delta T \cdot \omega_m^2}{\omega_m^2 I} = \frac{\Delta T \cdot \omega_m^2}{2\frac{1}{2}\omega_m^2 I} = \frac{\omega_m \Delta P'}{2E} \quad \text{〔rad/s²〕} \tag{2・3}$$

ただし，Eは回転体の蓄積エネルギー〔kg・m〕を示す．

　式(2・3)の両辺に，同期機の極対数（no. of pairs of poles）をかけると，電気角速度で表わされる．

$$\frac{d\omega}{dt} = \frac{\omega \cdot \Delta P'}{2E} \quad \text{〔rad/s²〕} \tag{2・4}$$

式(2・4)のω自身，したがって周波数f自身は，はなはだしい変化がないと考えてよいから，定常値を使えるとすれば，$\omega = 2\pi f$〔rad/s〕または$\omega = 360°f$〔電気角/s〕と置ける．よって，

$$\frac{d\omega}{dt} = \frac{\pi f \cdot \Delta P'}{E} \quad \text{〔rad/s²〕} \quad \text{または} \quad \frac{d\omega}{dt} = \frac{180°f \cdot \Delta P'}{E} \quad \text{〔電気角/s²〕} \tag{2・5}$$

|蓄積エネルギー|

さて，同期機の機械角速度ω_mにおける蓄積エネルギーは，

$$E = \frac{1}{2}\omega_m^2 I = \frac{WR^2}{2g}\left(2\pi\frac{N^2}{60}\right) \quad \text{〔kg・m〕} \tag{2・6}$$

ただし，WR^2は，はずみ車効果（fly wheel effect）〔kg・m²〕で，Wは重量〔kg〕，Rは回転半径〔m〕，Nは回転数/分，$g = 9.8$m/s²である．しかるに，1kg・m = 9.8W・sであるから，式(2・6)は，

$$E = 5.48 WR^2 \left(\frac{N}{1000}\right)^2 \quad \text{〔kWs〕} \tag{2・7}$$

となる．

次に，式(2·7)を同期機の定格出力（rated output）P_0〔kW〕で割ると，

$$H = \frac{5.48WR^2}{P_0}\left(\frac{N}{1\,000}\right)^2 \text{〔s〕} \tag{2·8}$$

単位慣性定数

となる．このHを，同期機の単位慣性定数（perunit inertia constant）と名付ける．もし，定格出力の代りに定格容量P_0〔kVA〕を使ったとすれば，式(2·8)のHの単位は，〔kWs/kVA〕となることに注意を要する．

なお，わが国では，これまで$2H$をMとして使っていたが，最近国際的にも，式(2·8)のHをもって単位慣性定数とするようほぼ決定しているので，この章ではHを使うことにする．

さて，このようなHの値は，それぞれ発電機の種類によって違っているが，その概数をあげると次のとおりである．

　　　水車発電機　3〜4，タービン発電機　5〜8
　　　同期調相機　1〜2，同期電動機　　　2〜2.5
　　　誘導電動機　0.5

タービン発電機については，最近非常に小さいHを使うようになってきている．

このHを使って式(2·5)を表わす場合，$\Delta P' = \frac{9.8}{1\,000} = \Delta P$〔kW〕を使って，

$$\frac{d\omega}{dt} = \frac{\pi f}{H}\left(\frac{\Delta P}{P_0}\right) \text{〔rad/s}^2\text{〕} \quad \text{または} \quad \frac{d\omega}{dt} = \frac{180°f}{E}\left(\frac{\Delta P}{P_0}\right) \text{〔電気角/s}^2\text{〕} \tag{2·9}$$

式(2·9)における$\Delta P/P_0$は，単位法〔pu〕における電力変化ΔPであるので，式(2·9)は，

$$\frac{d\omega}{dt} = \frac{\pi f}{H}\Delta P \text{〔rad/s}^2\text{〕} \quad \text{または} \quad \frac{d\omega}{dt} = \frac{180°f}{H}\Delta P \text{〔電気角/s}^2\text{〕} \tag{2·10}$$

となる．

2·5　単一送電系統における定態安定度の理論計算

定態安定度

同期発電機・送電線路および同期電動機という単一送電系統における定態安定度を理論的に説明しよう．

まず，送受両端同期機の内部リアクタンスx_gとx_m〔Ω〕を，2·2から決定し，かつ送電線および両端変圧器インピーダンスを求めておく．送電線と変圧器を直列インピーダンス$\dot{Z}_l = r_l + jx_l$〔Ω〕だけであるとすると，計算が非常に楽になる．

そこで，両端同期機端子の各相電圧の絶対値をe_sおよびe_r〔V〕とし，e_rを基準ベクトルにとれば，$\dot{e}_s = e_s \varepsilon^{j\theta_l}$のように$\theta_l$〔度〕だけ進む．そのとき線電流は，

$$\dot{I}_s = \dot{I}_r = \frac{e_s \varepsilon^{j\theta_l} - e_r}{r_l + jx_l} \text{〔A〕} \tag{2·11}$$

したがって，$\dot{I}_s$または$\dot{I}_r$の共役数$\bar{I}_s$または$\bar{I}_r$は

$$\bar{I}_s = \bar{I}_r = \frac{e_s\varepsilon^{-j\theta_l} - e_r}{r_l - jx_l} = (\gamma + j\delta)(e_s\varepsilon^{-j\theta_l} - e_r) \quad [\text{A}] \tag{2·12}$$

ただし $\gamma = \dfrac{r_l}{r_l^2 + x_l^2}$ および $\delta = \dfrac{x_l}{r_l^2 + x_l^2}$

ベクトル電力　これより，両端同期機端子のベクトル電力を求める．

$$\begin{aligned}\dot{W}_s = P_s + jQ_s &= 3\dot{e}_s\bar{I}_s = 3e_s\varepsilon^{j\theta_l}(\gamma + j\delta)(e_s\varepsilon^{-j\theta_l} - e_r) \\ &= (\gamma + j\delta)(E_s^2 - E_sE_r\varepsilon^{j\theta_l}) \quad [\text{W} + j\text{var}]\end{aligned} \tag{2·13}$$

同様にして

$$\dot{W}_r = P_r + jQ_r = (\gamma + j\delta)(E_sE_r\varepsilon^{-j\theta_l} - E_r^2) \quad [\text{W} + j\text{var}] \tag{2·14}$$

両式 (2·13) と (2·14) において，E_sおよびE_rはそれぞれ両機の線間端子電圧を示す．両式 (2·13) と (2·14) によって，与えられた電圧条件 (E_sとE_r) に対する定常状態の両端電力円線図が描けるので，たとえば受電端電力P_r [kW] を与えれば，容易にe_sとe_r間の相差角θ_lを知ることができることは図2·2のとおりである．

電力円線図

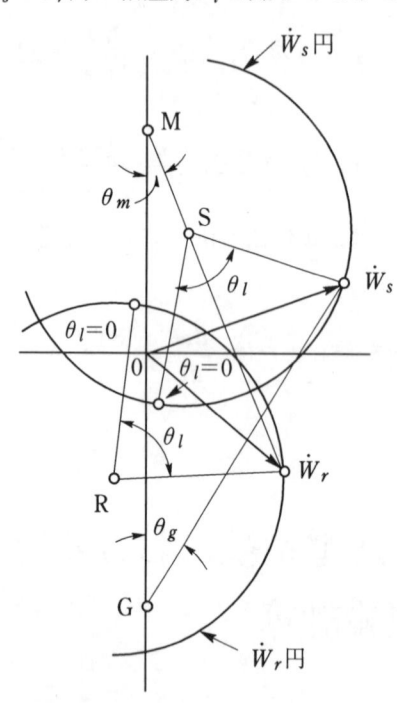

図2·2　発電機，送電線路および電動機の電力円線図

次に，両端同期機の内部位相角θ_gとθ_mを求める．まず，発電機について，発電機端子は送電線路の送電端に，また電動機端子は送電線路の受電端にそれぞれ対応するので，両端同期機の過渡電圧すなわちx_gとx_m背後の電圧を$\dot{e}_g$および$\dot{e}_m$ [V] とすれば，両機の端子におけるベクトル電力$\dot{W}_g = \dot{W}_s$および$\dot{W}_m = \dot{W}_r$のそれぞれが求められる．ただし，$\dot{W}_g$および$\dot{W}_m$を計算するに当って，$\dot{W}_g$に対しe_sを，また$\dot{W}_m$に対しe_rをそれぞれ基準ベクトルとする．

基準ベクトル

$$\dot{I}_g = \dot{I}_s = \frac{e_g\varepsilon^{j\theta_g} - e_s}{jx_g} \quad [\text{A}] \quad \text{および} \quad \bar{I}_g = \bar{I}_s = \frac{e_g\varepsilon^{-j\theta_g} - e_s}{-jx_g}$$

$$= j\left(\frac{1}{x_g}\right)(e_g\varepsilon^{-j\theta_g} - e_s) \quad [\text{A}] \tag{2·15}$$

2·5 単一送電系統における定態安定度の理論計算

よって,

$$\dot{W}_g = 3\dot{e}_s \bar{I}_g = 3e_s \cdot j\left(\frac{1}{x_g}\right)(e_g \varepsilon^{-j\theta_g} - e_s)$$

$$= j\left(\frac{1}{x_g}\right)(E_g E_s \varepsilon^{-j\theta_g} - E_s^2) \quad [\text{W} + j\text{var}] \qquad (2 \cdot 16)$$

送電線円線図　式 $(2 \cdot 16)$ から，$\dot{W}_g$ 円は，$-j\dfrac{E_s^2}{x_g}$ [var] を中心座標 G とし，半径 $\dfrac{E_g E_s}{x_g}$ を半径とする円であって，$\theta_g = 0$ のベクトルは $j\dfrac{E_g E_m}{x_g}$ [var] であり，中心座標も $\theta_g = 0$ のベクトルも，ともに無効電力軸上にあり，しかも θ_g の方向は，時計式でなければならない．なお，送電線円線図 $\dot{W}_s$ 円が与える $\dot{W}_s$ と $\dot{W}_g$ は相等しい．したがって，$G-\dot{W}_s$ の長さが与えられるわけであるが，これが半径で，E_s [V] と x_g [Ω] とがわかっていれば，発電機が $\dot{W}_g = \dot{W}_s$ なる出力の場合に必要とする内部電圧は E_g [V] でなければならないことを示している．

同様にして，受端機同期機では，

$$\dot{W}_m = j\left(\frac{1}{x_m}\right)(E_r^2 - E_m E_r \varepsilon^{j\theta_m}) \quad [\text{W} + j\text{var}] \qquad (2 \cdot 17)$$

電力円　となるので，この場合の電力円 $\dot{W}_m$ の中心座標 M は，$j\dfrac{E_r^2}{x_m}$ [var]，半径は $\dfrac{E_m E_r}{x_m}$，$\theta_m = 0$ のベクトルは $-j\dfrac{E_m E_r}{x_m}$ [var] で，θ_m の方向は反時計式であり，この場合も，内部電圧 E_m [V] は半径の長さを知ることによって，数値的に求められることがわかるであろう．しかも，$\dot{W}_r = \dot{W}_m$ であることが必要条件となる．

上のような手続きを，各受電端電力 P_r [MW] と $\theta = \theta_g + \theta_l + \theta_m$ [度] につき示すと，図 2·3 のようになる．

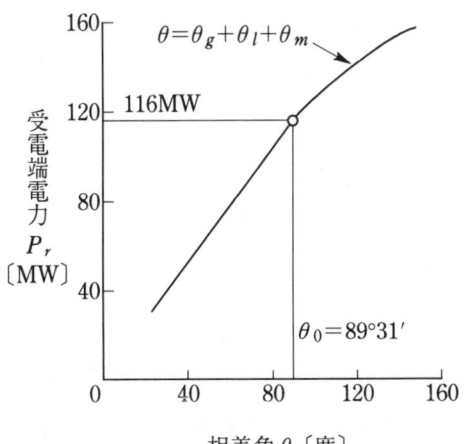

図 2·3　定態安定極限電力の決定

このようにして，一つの定常状態に対し，両端同期機間の全相差角 θ_0 がわかり，かつ内部電圧 e_g と e_m が与えられ，それぞれを不変としたときに，相差角に微小変動が起こると，両端同期機はどのように加速するか，あるいは減速するかを調べなければならない．

まず，両端同期機の定常状態の出力 P_{g0} と入力 P_{m0} [W] を求める必要がある．

最初に，発電機電流 $\dot{I}_g$〔A〕は，$\dot{e}_m$ を基準にとると，

$$\dot{I}_g = \frac{e_g \varepsilon^{j\theta_0} - e_m}{jx_g + r_l + jx_l + jx_m} \quad [\text{A}] \tag{2·18}$$

したがって，

$$\bar{I}_g = \frac{e_g \varepsilon^{-j\theta_0} - e_m}{r_l - j(x_g + x_l + x_m)} = (\gamma_0 + j\delta_0)(e_g \varepsilon^{-j\theta_0} - e_m) \quad [\text{A}] \tag{2·19}$$

ただし，$\gamma_0 = \dfrac{r_l}{r_l^2 + (x_g + x_l + x_m)^2}$ および $\delta_0 = \dfrac{x_g + x_l + x_m}{r_l^2 + (x_g + x_l + x_m)^2}$

発電機の ベクトル電力

よって，発電機のベクトル電力は，

$$\dot{W}_{g0} = P_{g0} + jQ_{g0} = 3\dot{e}_g \bar{I}_g = 3e_g \varepsilon^{j\theta_0} \cdot (\gamma_0 + j\delta_0)(e_g \varepsilon^{-j\theta_0} - e_m)$$

$$= (\gamma_0 + j\delta_0)(E_g^2 - E_g E_m \varepsilon^{j\theta_0}) \quad [\text{W} + j\text{var}] \tag{2·20}$$

式 (2·20) から，

$$P_{g0} = \gamma_0 E_g^2 - \gamma_0 E_g E_m \cos\theta_0 + \delta_0 E_g E_m \sin\theta_0 \quad [\text{W}] \tag{2·21}$$

電動機の ベクトル電力

同様にして，電動機のベクトル電力は，

$$\dot{W}_{m0} = P_{m0} + jQ_{m0} = 3e_m \cdot (\gamma_0 + j\delta_0)(e_g \varepsilon^{-j\theta_0} - e_m)$$

$$= (\gamma_0 + j\delta_0)(E_g E_m \varepsilon^{-j\theta_0} - E_m) \quad [\text{W} + j\text{var}] \tag{2·22}$$

式 (2·22) から

$$P_{m0} = -\gamma \cdot E_m^2 + \gamma_0 E_g E_m \cos\theta_0 + \delta_0 E_g E_m \sin\theta_0 \quad [\text{W}] \tag{2·23}$$

なお，両端同期機はリアクタンスだけであるから，P_{g0} と P_{m0} は，いずれも相差角 θ_0 のとき，すなわち定常状態の発電機出力および電動機入力を示す．

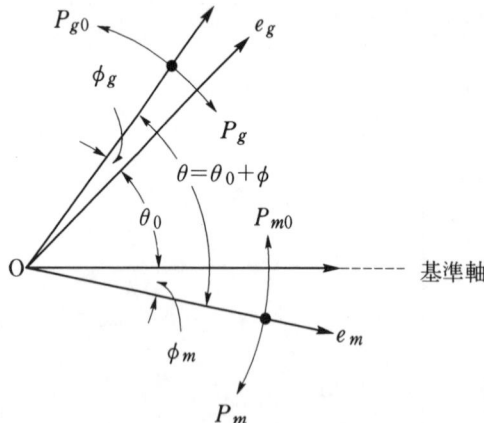

図 2·4 定常状態の相差角 θ_0 から微小相差角 $\phi = \phi_g + \phi_m$ が増加した場合のベクトル図

そこで，P_{g0} と P_{m0} から，それぞれわずか減少して P_g と P_m〔W〕となったために，図 2·4 のベクトルに示すよう発電機の位相角が基準軸から $\theta_0 + \phi_g$ に増し，電動機の位相角が ϕ_m〔度〕になったとする．

いま，両端同期機の単位慣性定数をそれぞれ H_g および H_m〔Ws/VA〕とすれば，これらを，両機の定格容量倍したものを，H_{g0} と H_{m0}〔Ws〕とすると，両機に対する加速度・減速度に対する運動方程式は，次のように与えられる．

2·5 単一送電系統における定態安定度の理論計算

$$\left.\begin{array}{l}\dfrac{d^2(\theta_0+\phi_g)}{dt^2}=\dfrac{d^2\phi_g}{dt^2}=\dfrac{180°f}{H_{g0}}(P_{g0}-P_g) \quad [度/\mathrm{s}^2]\\ および \quad \dfrac{d^2\phi_m}{dt^2}=\dfrac{180°f}{H_{m0}}(P_{m0}-P_m) \quad\quad\quad [度/\mathrm{s}^2]\end{array}\right\} \quad (2\cdot24)$$

よって，両端同期機を一括し，与えられた全系統として，相差角に対する加速度を考えると，

$$\dfrac{d^2\phi_g}{dt^2}+\dfrac{d^2\phi_m}{dt^2}=\dfrac{d^2(\phi_g+\phi_m)}{dt}=\dfrac{d^2\phi}{dt^2}$$
$$=\dfrac{180°f}{H_{g0}}(P_{g0}-P_g)+\dfrac{180°f}{H_{m0}}(P_{m0}-P_m) \quad [度/\mathrm{s}^2] \quad (2\cdot25)$$

しかるに，相差角に微少変動があった場合の P_g と P_m は，両式 $(2\cdot21)$ と $(2\cdot22)$ から，次のように導きだせる．

$$\left.\begin{array}{l}P_g=\gamma_0 E_g^2-\gamma_0 E_g E_m\cos(\theta_0+\phi)+\delta_0 E_g E_m\sin(\theta_0+\phi) \quad [\mathrm{W}]\\ および \quad P_m=-\gamma_0 E_m^2+\gamma_0 E_g E_m\cos(\theta_0+\phi)+\delta_0 E_g E_m\sin(\theta_0+\phi) \quad [\mathrm{W}]\end{array}\right\} \quad (2\cdot26)$$

式 $(2\cdot26)$ において，E_g と E_m は不変として扱っており，また ϕ は，微少増加位相角としているので，$\cos\phi\fallingdotseq1$，$\sin\phi\fallingdotseq\phi$ とおけるので，式 $(2\cdot26)$ の二つの式を次のように変形する．すなわち，

$$\left.\begin{array}{l}P_g=\gamma_0 E_g^2-\gamma_0 E_g E_m\cos\theta_0+\gamma_0(E_g E_m\sin\theta_0)\cdot\phi\\ \quad\quad +\delta_0 E_g E_m\sin\theta_0+\delta_0(E_g E_m\cos\theta_0)\cdot\phi \quad [\mathrm{W}]\\ および \quad P_m=-\gamma_0 E_g^2+\gamma_0 E_g E_m\cos\theta_0-\gamma_0(E_g E_m\sin\phi)\cdot\phi\\ \quad\quad +\delta_0 E_g E_m\sin\theta_0+\delta_0(E_g E_m\cos\theta_0)\cdot\phi \quad [\mathrm{W}]\end{array}\right\} \quad (2\cdot27)$$

しかるときは，

$$\left.\begin{array}{l}P_{g0}-P_g=-(\gamma_0 E_g E_m\sin\theta_0+\delta_0 E_g E_m\cos\theta_0)\phi \quad [\mathrm{W}]\\ および \quad P_{m0}-P_m=(\gamma_0 E_g E_m\sin\theta_0-\delta_0 E_g E_m\cos\theta_0)\phi \quad [\mathrm{W}]\end{array}\right\} \quad (2\cdot28)$$

式 $(2\cdot26)$ を，式 $(2\cdot25)$ に代入すれば，

$$\dfrac{d^2\phi}{dt^2}=-\dfrac{180°f}{H_{g0}}(\gamma_0 E_g E_m\sin\theta_0+\delta_0 E_g E_m\cos\theta_0)\phi$$
$$+\dfrac{180°f}{H_{m0}}(\gamma_0 E_g E_m\sin\theta_0-\delta_0 E_g E_m\cos\theta_0)\phi \quad [度/\mathrm{s}^2] \quad (2\cdot29)$$

式 $(2\cdot29)$ の右辺を，次のように整理する．

$$180°f\left\{\left(\dfrac{1}{H_{m0}}-\dfrac{1}{H_{g0}}\right)\gamma_0 E_g E_m\sin\theta_0\right.$$
$$\left.-\left(\dfrac{1}{H_{g0}}+\dfrac{1}{H_{m0}}\right)\delta_0 E_g E_{m0}\cos\theta_0\right\}\phi \quad [度/\mathrm{s}^2] \quad (2\cdot30)$$

したがって，式 $(2\cdot29)$ の運動方程式は，

$$\dfrac{d^2\phi}{dt^2}=180°f\left\{\left(\dfrac{1}{H_{m0}}-\dfrac{1}{H_{g0}}\right)\gamma_0 E_g E_m\sin\theta_0\right.$$

2 定態安定度の計算

$$-\left(\frac{1}{H_{g0}}+\frac{1}{H_{m0}}\right)\delta_0 E_g E_{m0}\cos\theta_0\Bigg\}\phi \quad \text{〔度/s}^2\text{〕} \tag{2·31}$$

となり，右辺中かっこ内は，定常状態において一定の値となるので，変数は微少相差角ϕだけであるから，式(2·31)は純然たる線形式である．よって，式(2·31)が正，負および0いかんによって，式(2·31)から与えられる微少相差角ϕは増大することもありうる．増大の傾向を全く示さない条件としては，式(2·30)が負，その極限として0でなければならない．よって，

$$\left(\frac{1}{H_{m0}}-\frac{1}{H_{g0}}\right)\gamma_0\sin\theta_0-\left(\frac{1}{H_{g0}}+\frac{1}{H_{m0}}\right)\delta_0\cos\theta_0 \leq 0 \tag{2·32}$$

微少相差角ϕの変化

なる関係であれば，微少相差角ϕの変化が振動的となり，限りなく増大することはない．いいかえれば，系統は安定を保つことができる．

式(2·32)を書き直して，定常状態の相差角θ_0を導くと，

$$\left.\begin{array}{l}\theta_0 \leq \tan^{-1}\left(\dfrac{H_{g0}+H_{m0}}{H_{g0}-H_{m0}}\right)\dfrac{\delta_0}{\gamma_0} \quad \text{〔度〕}\\[2ex]\text{あるいは}\quad \theta_0 \leq \tan^{-1}\left(\dfrac{H_{g0}+H_{m0}}{H_{g0}-H_{m0}}\cdot\tan\varphi_0\right) \quad \text{〔度〕}\end{array}\right\} \tag{2·33}$$

定態安定度

すなわち，この相差角が定態安定度を決定するのであって，θ_0に対する受電端電力が定態安定極限電力となる．

式(2·33)からもわかるように，H_{g0}とH_{m0}は，両同期機の慣性であり，φ_0は同期機のリアクタンスを含む全インピーダンス角を示す．

図2·3は，$E_s=220\text{kV}$，$E_r=200\text{kV}$，60Hz，400km，400mm²のACSR，3相1回線の場合に対する例であって，$\theta_0=89°31'$であり，定態安定電力が116MWとなった．ただし，各機器の定格は，いずれも150MVAであり，$H_g/H_m=1.5$とした結果である．

次に，2·1での(a)，(b)および(c)で述べたところを理論的に証明しておく．

(a) 送電端が無限大母線（infinite bus）の場合

式(2·33)において，$H_{g0}=\infty$とすれば，

$$\theta_0 \leq \varphi_0 \text{〔度〕} \tag{2·34}$$

(b) 受電端が無限大母線の場合

同じく式(2·33)から

$$\theta_0 \leq -\varphi_0+180° = 180°-\varphi_0 \text{〔度〕} \tag{2·35}$$

(c) $H_{g0}=H_{m0}$の場合，やはり式(2·33)より，

$$\theta_0 \leq 90° \tag{2·36}$$

もし，$\gamma_0=0$なれば，同様に$\theta_0 \leq 90°$となる．

2·6 多端子の送電系統における定態安定度の計算

2·5に述べたのは，全くの単一系統であったが，実際系統は，このような単一系統に置きかえることがかなり困難であるから，勢い端子数が増えるのは，やむを得ない．

多端子系統　しかし，それら多端子系統のうち，いずれか2端子すなわち同期機2機の間に前節に詳述した式(2·24)のような2次線形微分方程式（2nd order linear differential equation）が成り立つのであるから，n個の端子を有する送電系統では，$(n-1)$個の2次微分方程式ができる．

もちろん，各端子の定常状態の電力および$(n-1)$個の微少相差角変化を考えた場合の電力は，与えられた送電系統のインピーダンスがそれぞれ関連するは明らかで，計算は相当複雑になるであろう．

4端子送電系統　かくして，たとえば4端子送電系統であれば，

$$\left.\begin{aligned}\frac{d^2\phi_x}{dt^2} &= K_1\phi_x + K_2\phi_y + K_3\phi_z \quad [度/\text{s}^2] \\ \frac{d^2\phi_y}{dt^2} &= K_4\phi_x + K_5\phi_x + K_6\phi_z \quad [度/\text{s}^2] \\ \frac{d^2\phi_z}{dt^2} &= K_7\phi_x + K_8\phi_y + K_9\phi_z \quad [度/\text{s}^2]\end{aligned}\right\} \quad (2·37)$$

のような連立2次微分方程式（simultaneous 2nd order differential equations）となる．ただし，ϕ_x〔度〕などは微少相差角変動，K_1〔s^{-2}〕などは内部電圧，同期機間インピーダンス，定態相差角および慣性によって与えられる定数である．式(2·37)は，明らかに6次方程式であるから，補助方程式（auxiliary equation）は，次式の形で与えられる．

$$m^6 + am^4 + bm^2 + c = 0 \quad [\text{s}^{-6}] \qquad (2·38)$$

ただし，a〔s^{-2}〕，b〔s^{-4}〕およびc〔s^{-6}〕は，式(2·37)のK_1などで表わされる係数である．

そこで，m^2〔s^{-2}〕が負の実数であれば，式(2·38)の6根（roots）は3対の虚数根となるので，ϕ_xは振動的となる条件をみたす．すなわち安定となるが，これをみたす条件が，a，bおよびcの間にいくつか存在する．その詳細をここでは省略するが，定態安定度決定に最も影響があるのは，最初にまず$c>0$をみたすことである．

次に，3端子の場合は，式(2·38)に対応した補助方程式が，

$$m^4 + am^2 + b = 0 \quad [\text{s}^{-4}] \qquad (2·39)$$

となるが，根が2対の虚数根となるためには，$m^2<0$であればよいから，

$$a>0 \ [\text{s}^{-2}], \quad b>0 \ [\text{s}^{-4}], \quad a^2 - 4b > 0 \ [\text{s}^{-4}] \qquad (2·40)$$

をみたせば，系統は安定となるが，安定度にもっとも早く影響をおよぼすのは$b>0$である．

2 定態安定度の計算

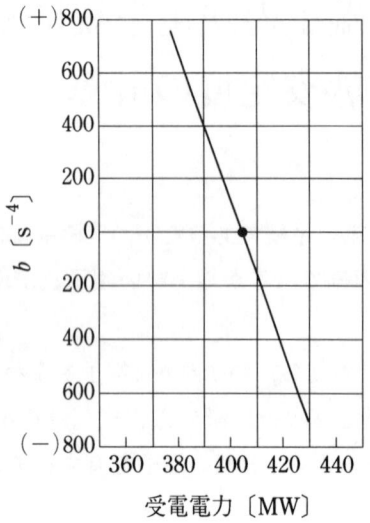

図2・5 定態安定極限電力決定曲線

一例として，$E_s=275\text{kV}$，$E_r=250\text{kV}$，50Hz，360kmの3相2回線，電源発電機480MVA（$H_g=3$），電動機800MVA（$H_m=1$），調相機320MVA（$H_{rc}=1.5$，単位慣性定数）なる3端子系統に対し，最初に現われる安定条件bを受電電力につき示すと，図2・5のようになる．したがって，安定限度は$b=0$で，$b>0$で安定だといえる．

3 過渡安定度の計算

さて，送電系統には，突発故障や負荷変動など，過渡的原因により同期機間の安定度を失うことがある．まず，単一系統についての過渡安定度を明らかにし，かつその計算方法を示そう．

3・1 単一送電系統における負荷の急増

負荷角特性　さて，定電圧単一送電系統において，負荷角特性，すなわち相差角と電力の関係 (load-angle or power-angle characteristic) は，たとえば発電機に対して図3・1のように，ほぼ正弦曲線 (sine curve) で与えられることは明らかである．

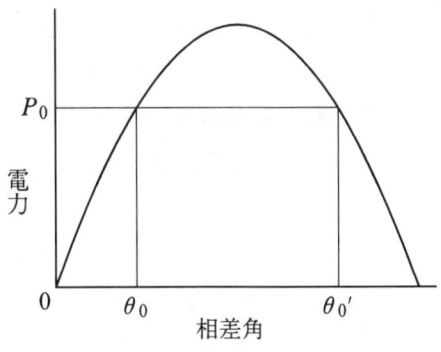

図3・1　送電系統の負荷角特性

定常運転の場合，P_0〔W〕がとる相差角としては，θ_0とθ_0'〔度〕の二つがある．θ_0'の場合には，相差角がθ_0'より大きくなると，出力はただちに小さくなるのに対し，原動機からの発電機入力は，急に変れず一定のままであるので，発電機の回転子は**脱調**加速されるのでますます相差角が大きくなろうとする傾向が大であり，結局脱調するに至る．また反対に，相差角がこのθ_0'より減少しようとする場合は出力が増大するので，発電機が減速するから，ますます相差角が小さくなる傾向をとり，遂にθ_0になってしまうから，θ_0'では安定な運転ができないことになる．

ところが，θ_0で運転すれば，θ_0より相差角が小さくなろうとすると出力は減退するので発電機は加速するし，θ_0より大きくなろうとすれば出力が増大するので，発電機は減速することは明らかであるから，定常運転では，θ_0で安定することがわかる．

さて，両端同期機の過渡電圧を線間値でE_g，E_m〔V〕とし，同期機のリアクタンスを含み，簡単に線路リアクタンスx〔Ω〕だけとすれば，発電機出力あるいは電動機入力は，E_gとE_mとの相差角をθ〔度〕とすれば，

$$P = \frac{E_g E_m}{x}\sin\theta = P_m \sin\theta \quad \text{〔W〕} \tag{3・1}$$

いま，電動機軸負荷がP_0〔W〕からP_1〔W〕に急増したとすると，図3・2のように，$\Delta P = P_1 - P_0$〔W〕の不足をきたす．しかるに，発電機を駆動する原動機の調速機に動作時間を必要とするので，発電機出力は急に大きくなれないから，電動機入力も一定と見なければならない．

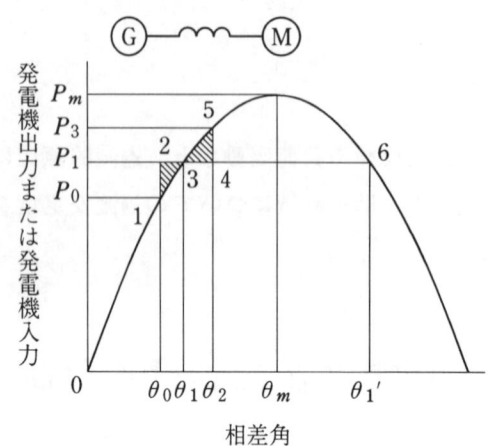

図3・2 負荷急増の場合の負荷角特性

したがって，軸負荷がΔPだけ増せば，電動機はその回転蓄積エネルギーを放出して不足を補う．

そこで，P_0がP_1に増大した場合の定常運転の相差角は，θ_0からθ_1に移るのであるが，過渡的にはθ_1の前後に振動する．まず電動機の回転子が受ける減速力は，θ_0で最大であり，点1から移動し始めるが，最初の移動速度は0，点3で減速力0で移動速度が最大，よって慣性により点3から点5に向かう．この範囲では電動機入力が大となるが，これは発電機の回転子蓄積エネルギーによって供給される．したがって，電動機回転子は加速に移る．その加速力は点5で最大，かつ速度0であるが，点3に向かって相差角を縮めようとする．以下同様の振動を繰り返すのであるが，摩擦などのため点3で平衡するよう発電機出力，したがって電動機入力を大とするよう原動機がその出力を増して，平衡するようになるであろう．

動揺　しかし，P_m〔W〕をこえて，θ_1'に相当する点6以上に動揺（swing）すれば，電動機入力は減少するばかりであるので，θ_1に復帰できず脱調するに至る．

さて，前記ΔPは，負荷の回転部分を含む電動機の回転体に与えられて，減速または加速を始めさせる動力であり，$\Delta \theta$を移動角度でラジアンで与えると，$\Delta P \cdot \Delta \theta$は動揺時のエネルギーに比例するといえる．したがって，図3・2のハッチングで示した1－2－3－1の面積は，減速する場合のエネルギーを，また，3－4－5－3は加速する場合のそれを示す．よって，点3で平衡するためには，

$$\int_{\theta_0}^{\theta_1} \Delta P d\theta = \int_{\theta_0}^{\theta_1} (P_1 - P_m \sin\theta) d\theta \leq \int_{\theta_1}^{\theta_2} (P_m \sin\theta - P_1) d\theta$$

すなわち，

$$P_1(\theta_1 - \theta_0) - P_m(\cos\theta_0 - \cos\theta_1) \leq P_m(\cos\theta_1 - \cos\theta_2) - P_1(\theta_2 - \theta_1)$$

なる関係が成り立つことが必要である．しかるに，$P_1 = P_m \sin\theta_1$であるから，

$$\cos\theta_2 + \theta_2 \sin\theta_1 \leq \cos\theta_0 + \theta_0 \sin\theta_1 \quad \text{（数値）} \tag{3・2}$$

を満足するθ_2まで動揺する．

しかし，発電機の出力，したがって原動機出力は，たとえ調速機が動作するとはいえ，応答に時間遅れがあるので，面積1－2－3－1あるいは3－4－5－3は

-20-

電動機または発電機の蓄積エネルギーを放出するのであるから，3－4－5－3の面積は，最大限 $\theta_2 = \pi - \theta_0$ まで動揺することが考えられる．よって，式 (3·2) の θ_2 を $\pi - \theta_0$ に置きかえると

$$\left(\frac{\pi}{2} - \theta_0\right)\sin\theta_1 \leq \cos\theta_0 \quad (\text{数値}) \tag{3·3}$$

極限の急増負荷

をみたす θ_1，すなわち $\Delta P_1 = P_m \sin\theta_1 - P_0$ が，極限の急増負荷といえる．

3·2　並行2回線の単一送電系統における1回線遮断

図3·3の上方に示す並行2回線単一送電系統において，×印の遮断器が動作して，急に1回線が遮断された場合の過渡安定度を考える．この場合，両端同期機の過渡電圧はそれぞれ不変としてよく，また両機の過渡リアクタンスを含む両機間の全インピーダンス，すなわち伝達インピーダンス (transfer impedance) は，1回線遮断によって急増するので，たとえば発電機出力は，図3·3の負荷角特性曲線AからBに移らざるを得ない．

伝達インピーダンス

1回線遮断

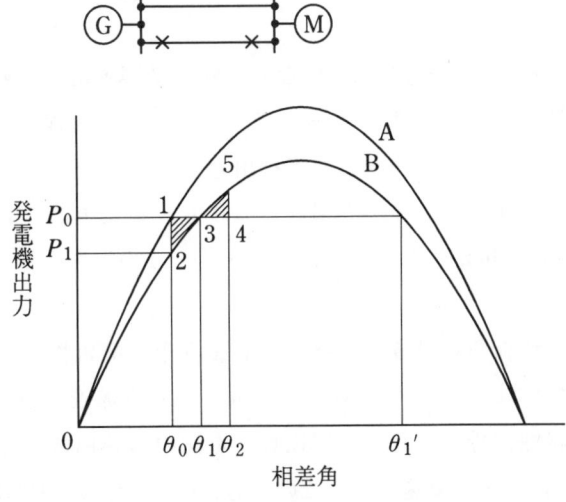

図3·3　1回線遮断の場合の負荷角特性

このような瞬時，原動機出力はもちろん急変できないので，発電機は $\Delta P = P_0 - P_1$ 〔W〕が余剰入力となるため，発電機回転子は加速されるので相差角は増加する．したがって θ_1 に至って，発電機出力は入力と平衡するけれども，慣性によって，前節と同様，1－2－3－1の加速面積が，3－4－5－3の減速面積に等しくなるまで相差角の増大をきたす．すなわち点3を中心として，相差角は振動するので安定であるが，その安定限度は，P_0 を通る水平線上において，減速面積が加速面積に等しいことが条件となる．

3·3 並行2回線単一送電系統における地絡または短絡故障

図3·4において，1線ないし2線地絡あるいは線間短絡などが発生して，定常運転の場合の負荷角特性Aが，Bのように減退したとすると，定常時発電機出力P_0〔W〕に対する相差角θ_0〔度〕から，発電機回転子は$\Delta P = P_0 - P_1$による最大加速力をもって，相差角は増大する．

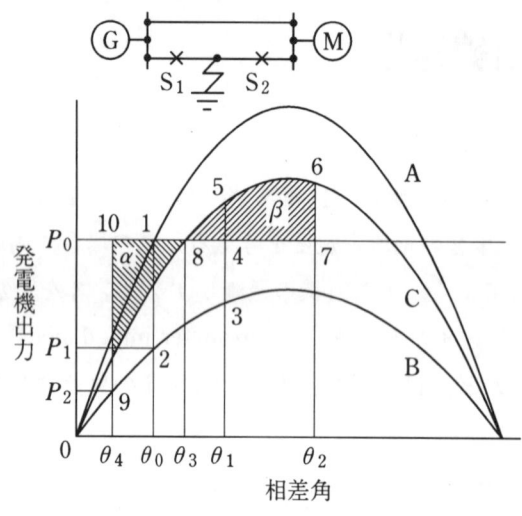

図3·4 1回線地絡または短絡後遮断した場合の負荷角特性

保護継電器によって，相差角がθ_1になった際に故障回線が遮断されたとする．この場合の加速面積は1－2－3－4－1であるが，故障回線遮断によって，負荷角特性はCに移るので，θ_2に相当する発電機出力はP_0よりも大きいので，もちろん減速力を生ずるが，加速エネルギーと慣性とにより，相差角はなお増大して4－5－6－7－4なる減速面積が生じ，1－2－3－4－1の加速面積に等しくなるまでの相差角θ_2に達する．

ところが，一度負荷角特性がCに移ってしまうと，発電機に対する原動機からの入力P_0以上においては，8－5－6－7－4－8なる減速面積となるので，発電機回転子は負荷角特性曲線Cに沿って減速し，上記の減速面積に等しい加速面積8－9－10－8となるθ_4まで減速する．このとき，$P_0 - P_2$に相当する最大加速力を受けるので，再度Cに沿い加速し，点8を中心に動揺し安定となる．

なお，故障発生時に対しては，B曲線でわかるように，もちろん不安定であるのは明らかである．しかし，中性点が高抵抗ないし消弧リアクトル接地方式での1線地絡故障では，図3·4に示した負荷角特性がCのようにはなはだしく低くはならないから，地絡故障だけで安定になる場合が多い．特に，中性点が高抵抗接地方式では，1線地絡による充電電流の増大は，地絡後の正相伝達インピーダンスを，軽少ではあるが小さくすることがあるので，かえって，定常時の負荷角特性曲線Aよりも高くなる場合があるから，当然系統も安定であるといえる．

1線地絡故障

高抵抗接地方式

高速度再閉路

それに加えて，1回線遮断後，高速度再閉路を行なえば，さらに安定となるので，定常時の発電機出力が大きくあっても，上述したような方法を用いて，故障発生，故障回線の故障区間遮断，さらに再閉路の間の相差角変動を，加速および減速面積

をそのつど考慮すれば，単一送電系統の過渡安定度は比較的容易に決定できる．図3·4には，再閉路の場合を示さなかったが，みずから試みられたい．

3·4 単一系統に対する過渡安定度決定法としての等面積法と相差角，角速度および角加速度に対する時間的変化の概要

前節までに，単一送電系統に対する過渡安定度を決定するのに，負荷角特性を使って，過渡的変動が起った場合の両端同期機に加えられる加速ないし減速エネルギーが相等しくなることを目標としたので，これを等面積法，(equal area method) と名付ける．

等面積法

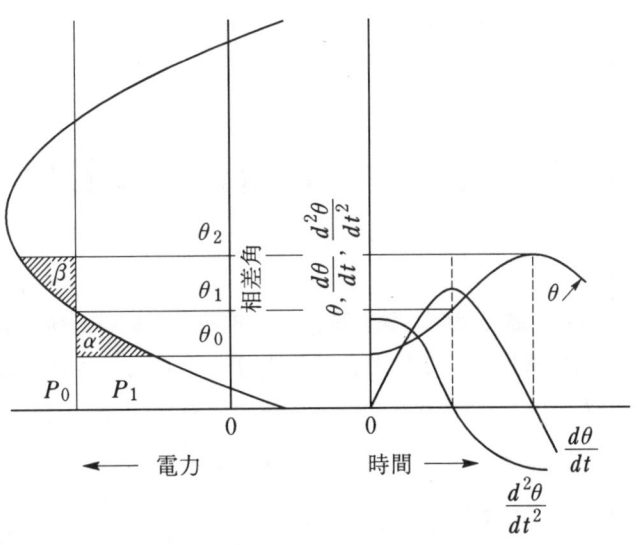

図3·5 負荷角特性と角加速度，角速度および相差角の時間的変化（安定）

この等面積法を用いて，相差角〔度またはラジアン〕，角速度〔度/sまたはラジアン/s〕，および角加速度〔度/s^{2}またはラジアン/s^2〕の時間的変動の概要を示すと，図3·5のようになる．この図で，定常時の発電機出力または電動機入力P_0〔W〕が，故障などによって急にP_1〔W〕に減じ，ついで図示の負荷角特性曲線に従うものとすれば，α〔W・度〕なる加速面積が，βなる減速面積に等しければ，相差角その他に対する時間的変動の概要は，一目してよくわかると考えられる．また，図3·6は図3·5の場合と違って，αなる加速面積よりβなる減速面積が小さい場合，したがって，系統が不安定となる場合を示しているが，相差角が時間経過とともに，増大していることがわかる．

すなわち，系統が安定となる場合は，$\dfrac{d^2\theta}{dt^2}$と$\dfrac{d\theta}{dt}$はともに負となる範囲があるのに対し，不安定の場合は，$\dfrac{d^2\theta}{dt^2}$が一度負になっても，$\dfrac{d\theta}{dt}$は負になることがないの

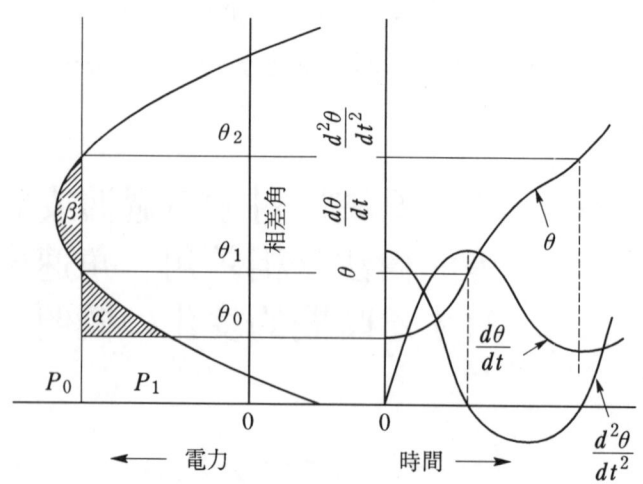

図3・6 負荷角特性と角加速度，角速度および相差角の時間的変化（不安定）

で，θ がしだいに大となる．ただし，図3・5と図3・6のそれぞれに対する右の時間的変動は概要であって，等面積法そのものには，慣性の影響ははいっていない．

3・5 単一送電系統における等価慣性定数

前2節で用いた等面積法は，電源発電機に対する負荷角特性なり，あるいは負荷側電動機に対する負荷角特性なりを使って，等面積法を活用すればよいのであるが，もし，送電線の直列抵抗を無視すれば，式 (2・25) において，$P_{g0}=P_{m0}$ および $P_g=P_m$ 〔W〕となるので，変動相差角 ϕ は，

$$\frac{d^2\phi}{dt^2}=180°f\left(\frac{1}{H_{g0}}+\frac{1}{H_{m0}}\right)(P_{g0}-P_g) \quad \text{〔度/s}^2\text{〕} \tag{3・4}$$

とおける．そこで，式 (3・4) において，

$$H_0=\frac{H_{g0}H_{m0}}{H_{g0}+H_{m0}} \quad \text{〔kWs〕} \tag{3・5}$$

とすれば，式 (3・4) は，

$$\frac{d^2\phi}{dt^2}=\frac{180°f}{H_0}(P_{g0}-P_g) \quad \text{〔度/s}^2\text{〕} \tag{3・6}$$

発電機の慣性定数

となるが，これは，発電機の慣性定数を H_{g0} から式 (3・5) の H_0 に変えれば，受電端電動機があたかも無限大の慣性をもつものと等価な相差角変動を与える形である．いいかえれば，電動機の過渡電圧の背後は無限大母線と見ることができよう．なお，P_g は，両端同期機の内部過渡電圧を E_g, E_m 〔V〕とした場合，両機の伝達リアクタンスを x 〔Ω〕とすれば，$P_g=\dfrac{E_g E_m}{x}\sin\theta_0$ 〔W〕となることは，容易にわかるであろう．

ところが，伝達リアクタンスの他に抵抗を無視できないとすれば，$P_{g0}\neq P_{m0}$ およ

び $P_g \neq P_m$ であるから，式 (2・25) を式 (3・4) のように導けない．

しかし，

$$\left. \begin{array}{l} P_{g0}' = \dfrac{H_{m0}P_{g0} + H_{g0}P_{m0}}{H_{g0} + H_{m0}} \quad [\text{W}] \\[2mm] \text{および} \quad P_g' = \dfrac{H_{m0}P_g + H_{g0}P_m}{H_{g0} + H_{m0}} \quad [\text{W}] \end{array} \right\} \quad (3 \cdot 7)$$

のように変形すれば，式 (3・6) と同様に，

$$\frac{d^2\phi}{dt^2} = \frac{180°f}{H_0}(P_{g0}' - P_g') \quad [\text{度}/\text{s}^2] \quad (3 \cdot 8)$$

なる形で表わされるから，直列抵抗を無視した場合と同様に，受電端同期機が無限大の慣性をもつものとすることができ，相差角の変動を考えるのに非常に簡単となるのが特徴である．もちろん，送受両端同期機に対し，同一負荷角特性曲線を与えかつ等面積法が適用できるのは，いうまでもないことである．

3・6 故障発生後における電力計算

　送電系統における同期機は，定常状態において発電機は原動機で駆動され，また電動機は他の負荷機械を運転しているのであるが，いずれも回転方向が決定され，しかも同期回転しているのであるから，とくに示さなくても正相電力だけであるのは明らかであろう．もし，また電動機でなく，調相機と並列インピーダンス負荷であるとしても，かなりよく平衡したいわば正相電力だけであるとしてよい．

<small>正相電力</small>

　しかるに，故障が発生すると，3相短絡または3相地絡故障以外は，すべて不平衡故障となるので，故障点には各対称分電圧が現われ，かつ各対称分電流が流れる結果，各対称分電力および無効電力が分布するであろう．

　しかし，正相電力と正相無効電力は，各同期機により発生しまたは吸収されるものであるが，逆相および零相電力と無効電力は，すべて故障によってのみ生ずるものであり，とくに逆相電力は，逆相回路の抵抗分だけで生ずるので，一般送電系統における逆相回路の抵抗が小さいので無視してもさしつかえない．また，零相回路にしても，高抵抗による中性点接地方式の場合やや1線地絡時の消費電力が大きいが，直接接地の場合は，もちろん零相電力を無視できよう．

<small>逆相電力</small>

　そこで，系統の過渡安定度を計算する場合，前節までしばしばでてきた故障発生後の電力変動の計算には，主として正相電力の変動を計算すれば，大体においてさしつかえない．したがって，以下故障発生後の正相電力を求めることとする．これには，中性点高抵抗接地方式における零相回路の影響が当然はいってくるので，零相回路の電力が十分考慮されることになる．

<small>中性点高抵抗接地方式</small>

　表3・1は，各種故障発生後における正相回路は，定常状態の正相回路から，どの位違ってくるかを示すもので，故障等価正相インピーダンス $\dot{Z}_f$ [Ω] というのは，故障発生前の定常状態における正相回路に，どのような故障等価インピーダンスを，

<small>故障等価正相インピーダンス</small>

3 過渡安定度の計算

故障点fに並列にあるいは直列に，3相対称インピーダンスとして加えるかを示すものである．

表 3・1　故障時における等価正相インピーダンス

故障の種類	故障時等価インピーダンス	$\dot{Z}_f$のそう入方法
1線地絡	$\dot{Z}_f=\dot{Z}_0+\dot{Z}_2$	故障点と仮想中性線との間
2線地絡	$\dot{Z}_f=\dfrac{\dot{Z}_0\dot{Z}_2}{\dot{Z}_0+\dot{Z}_2}$	
線間短絡	$\dot{Z}_f=\dot{Z}_2$	
3線短絡	$\dot{Z}_f=0$	
1線断線	$\dot{Z}_f=\dfrac{\dot{Z}_0\dot{Z}_2}{\dot{Z}_0+\dot{Z}_2}$	故障点に直列
2線断線	$\dot{Z}_f=\dot{Z}_0+\dot{Z}_2$	

（注）本表中の零相インピーダンス$\dot{Z}_0$および逆相インピーダンス$\dot{Z}_2$は，ともに地絡および短絡故障に対し，故障点からみて送受両端を並列にしたインピーダンスであるが，断線故障に対しては断線個所から送受両端を直列にしたインピーダンスを使用しなければならない．

次に，一，二証明してみる．

1線地絡　(a) 1線地絡の場合

故障点から見た零相，正相および逆相インピーダンスを，それぞれ$\dot{Z}_0$, $\dot{Z}_1$および$\dot{Z}_2$〔Ω〕とすれば，地絡電流の零相，正相および逆相成分$\dot{I}_0$, $\dot{I}_1$および$\dot{I}_2$〔A〕のそれぞれは相等しく，

$$\dot{I}_0=\dot{I}_1=\dot{I}_2=\frac{\dot{E}}{\dot{Z}_0+\dot{Z}_1+\dot{Z}_2}\quad〔A〕 \tag{3・9}$$

ただし，$\dot{E}$は地絡発生前，地絡点の正相対地電圧を示す．

式(3・9)の関係は，すでに知るところであるが，式(3・9)を見ると，地絡電流の正相分としては，地絡点から見た正相インピーダンスに，同じく地絡点から見た零相および逆相インピーダンスを直列に加えたものとなる．しかるに，$\dot{Z}_2$および$\dot{Z}_0$は表3・1に示されている図からもわかるとおり，故障点fの左右の逆相インピーダンス$\dot{Z}_{s2}$および$\dot{Z}_{r2}$〔Ω〕を並列にしたものにほかならない．$\dot{Z}_0$についても同様．したがって，1線が地絡したとすれば，地絡後の正相回路は，故障点の各相に$(\dot{Z}_0+\dot{Z}_2)$が故障点と大地との間に対称に加えられたことと等価になる．

2線地絡　(b) 2線地絡の場合

2線地絡後，故障点に通ずる正相電流は，

$$\dot{I}_1=\frac{\dot{Z}_0+\dot{Z}_2}{\dot{Z}_0\dot{Z}_1+\dot{Z}_1\dot{Z}_2+\dot{Z}_2\dot{Z}_0}\dot{E}=\frac{\dot{E}}{\dot{Z}_1+\dfrac{\dot{Z}_0\dot{Z}_2}{\dot{Z}_0+\dot{Z}_2}}\quad〔A〕 \tag{3・10}$$

となるので，この場合は，故障点の各相に$\dot{Z}_0$と$\dot{Z}_2$の並列回路を対称に加えたものが，2線地絡後の正相回路となる．

以下，同様にして，線間短絡などの場合についても，表3・1の故障等価正相インピーダンスを求められるが，断線の場合は，上記故障等価正相インピーダンスを断

-26-

線個所の各相に対称に入れなければならない．

なお，表3·1に示したのは，すべて集中インピーダンスであったが，もちろん精密な計算には，4端子定数を使用するに越したことはない．

(c) 故障発生後の電力計算

さて，以上に示した正相分の故障等価インピーダンスを，3相の各相に対称に故障点と並列に，または直列に接続した後の正相回路に対しては，並列に入れる場合は，故障点の左右インピーダンス$\dot{Z}_{s1}$と$\dot{Z}_{r1}$をそれぞれ4端子定数で表わし，それらの間に並列インピーダンスがあるとして，合成の4端子定数を求むべきであり，また直列に入れる場合も同様であるが，この場合は，集中インピーダンスだけでも扱える．

よって，同期機間の故障後の正相回路を上記のようにして求めれば，同期機の過渡電圧を不変とみて，故障発生後の電力計算は，定常状態における電力計算と同一手法により算出されることがわかる．

3·7 単一送電系統に対する相差角変動の計算

単一送電系統では，両端の同期機をそれぞれ1機に換算するのは，それほど面倒ではない．多くの場合，同一容量のものが数台あるのが普通であるので，その全容量と全慣性定数をもって，単一機とすることができよう．

このようにして，送受両端にただ1機宛同期機があり，両機の過渡電圧E_gとE_m〔V〕の間にリアクタンスx〔Ω〕だけがあるものとすれば，変動相差角ϕ〔度〕を与える運動方程式（equation of motion）は，前項の式(3·6)が使える．この式の解法について，一，二記しておこう．

(a) 数理的解法

一例として，受電端電動機の負荷が急増して，P_{m1}〔W〕になった場合の相差角変動ϕ〔度〕を，数理的に求めて見る．まず，

$$\frac{d}{dt}\left(\frac{d\phi}{dt}\right)^2 = 2\frac{d\phi}{dt}\cdot\frac{d^2\phi}{dt^2} \quad \therefore \quad d\left(\frac{d\phi}{dt}\right)^2 = 2\frac{d^2\phi}{dt^2}\cdot d\phi \quad 〔度^2/s^2〕$$

したがって，

$$\frac{d\phi}{dt} = \sqrt{2\int_{\theta_0}^{\theta_0+\phi}\frac{d^2\phi}{dt^2}d\phi} \quad 〔度/s〕 \tag{3·11}$$

ただし，θ_0〔度〕は定常運転状態の入力$P_{g0}=P_{m0}$〔W〕に対応する相差角を示す．なお，任意瞬時の発電機出力P_gまたは電動機入力P_mは，

$$P_g = P_m = \frac{E_g E_m}{x}\sin(\theta_0+\phi) = P_{\max}\sin(\theta_0+\phi) \quad 〔W〕 \tag{3·12}$$

として，式(3·6)を式(3·11)に代入すると，減速度は，

$$\frac{d\phi}{dt} = \sqrt{\frac{360°f}{H_0}\int_0^\phi\{P_{m1}-P_{\max}\sin(\theta_0+\phi)\}d\phi}$$

$$= \sqrt{\frac{360°f}{H_0}\left[P_{m1}\phi + P_{\max}\{\cos(\theta_0+\phi)-\cos\theta_0\}\right]} \quad \text{〔度/s〕} \quad (3\cdot13)$$

よって，式 $(3\cdot13)$ から ϕ だけ相差角が増大するに要する時間は，

$$t = \int_{\theta_0}^{\phi_1} \frac{d\phi}{\sqrt{\frac{360°f}{H_0}\left[P_{m1}\phi + P_{\max}\{\cos(\theta_0+\phi)-\cos\theta_0\}\right]}} \quad \text{〔s〕} \quad (3\cdot14)$$

式 $(3\cdot14)$ において，$P_{m1} = P_{\max}\sin(\theta_0+\phi_1)$ であるから，

$$t = \int_0^{\phi} \frac{d\phi}{\sqrt{\frac{360°f}{H_0}P_{\max}\left[\sin(\theta_0+\phi_1)\phi + \{\cos(\theta_0+\phi)-\cos\theta_0\}\right]}} \quad \text{〔s〕} \quad (3\cdot15)$$

式 $(3\cdot15)$ を書きかえて，

$$\tau = \sqrt{\frac{360°f}{H_0}\cdot\frac{E_g E_m}{x}}\cdot t = \int_0^{\phi} \frac{d\phi}{\sqrt{\sin(\theta_0+\phi_1)\phi + \{\cos(\theta_0+\phi)-\cos\theta_0\}}} \quad \text{〔数値〕} \quad (3\cdot16)$$

とすれば，P_0 と P_{m1} に対応する θ_0 と $\theta_0+\phi_1$ を与えれば，P_0 から P_{m1} に急増した場合の τ と ϕ の関係を，式 $(3\cdot16)$ の積分を逐次数値計算により求められ，$(P_{m1}/P_{\max})$ をパラメータとした場合，τ と ϕ の関係は図 $3\cdot7$ のようになる．

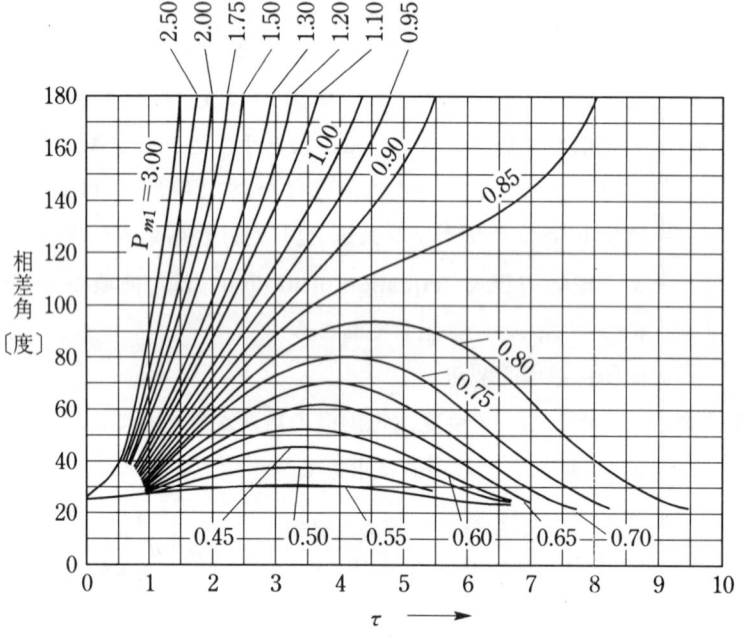

図 $3\cdot7$　単一系統の受電端同期機の負荷を急増した場合の相差角差動

(b) 図式解法

式 $(3\cdot13)$ の上式において，$P_{m1} - P_{\max}\sin(\theta_0+\phi)$ の代りに，発電機の定常状態出力を P_{g0} を用い，$\Delta P = P_{g0} - P_{\max}\sin(\theta_0+\phi)$ とし，発電機の相差角変動 ϕ を図式的に求める方法につき述べる．

式 $(3\cdot13)$ の上式から

$$t = \sqrt{\frac{H_0}{360°f}}\int_{\theta_0}^{\theta_0+\phi} \frac{d\phi}{\sqrt{\int_{\theta_0}^{\theta_0+\phi}\Delta P\,d\phi}} \quad \text{〔s〕} \quad (3\cdot17)$$

もし，ΔP が一定であれば，下式のとおりである．

$$t=\sqrt{\frac{H_0}{360°f \cdot \Delta P}}\int_{\theta_0}^{\theta_0+\phi}\frac{d\phi}{\sqrt{\phi}}=\sqrt{\frac{H_0}{90°f}\cdot\frac{\phi}{\Delta P}} \quad [s] \tag{3・18}$$

さて，式 (3・17) を次のように図式的に解く．図3・8(a) は，送電線路を通じて電圧 E_m の無限大母線（ただし，受電端同期機のリアクタンスを，両機間のインピーダンス中に含ませる）に接続されている発電機の送電線路の故障時における負荷角特性を示し，故障発生瞬時の出力が P_0 で，相差角は θ_0 であり，故障により出力が P_1 に減少したとすると，ΔP すなわち P_0-P_1 は，ハッチングを施した部分である．

次に，図3・8(b) は，$A=\int_{\theta_0}^{\theta_0+\phi}\Delta Pd\phi$ 〔W度〕を示しているが，この A の面積を測るには，プラニメータが便利であって，P_0 より下の面積を正に，上のそれを負にとる．さらに，(b) の A に $\sqrt{\frac{360°f}{H_0}}$ をかけたものが，図3・8(c) であって〔式 (3・13) 参照〕，$\frac{d\phi}{dt}=\Delta\omega$ 〔度/s〕なる角速度の微少変動を与える．この $\Delta\omega$ の逆数を，図3・8(d) とし，この曲線と横軸との面積をみると，図3・8(e) のようになるが，これが求める相差角の時間的変動曲線である．

さて，図3・8(d) の曲線と横軸との間の面積を求めるに当り，変動の最初と最後に問題がある．すなわち $\theta=\theta_0+\phi$ が θ_0 に近ずくと，$\frac{1}{\Delta\omega}$ は非常に大きくなろうとするので，最初の短い時間内では ΔP は最初の値から変化しないと考え，適当に選んだ相差角まで変化する時間内は式 (3・18) で計算し，θ_0 の付近 θ_1 までの時間を求める．

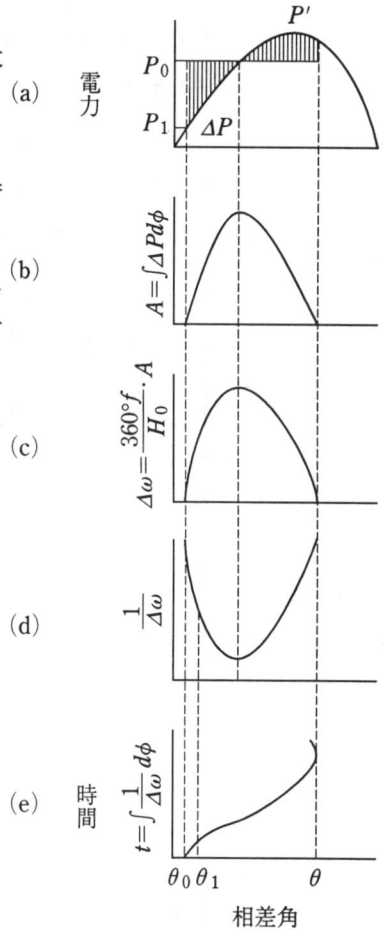

図 3・8　負荷角特性から相差角の時間的変動を求める図式的順序

なお，この図式解法では，原動機調速機の動作による P_0 の変化や，同期機の内部電圧の変動なども，近似的にとり入れた計算をしうる点が有利である．

3・8　段段法による相差角変動の計算

段々法　多数の同期機を含む複雑な送電系統の過渡安定度を決定する相差角変動を解くには，手数を要するが，この段々法はかなり精密だといえる．

この方法の主眼とするところは，相差角など過渡的諸量を求めるのに，過渡状態の初期から，経過時間を次のように区切りながら，順順に階段的に計算してゆくのである．

相差角の
動揺周期　　多くの場合，主たる相差角の動揺周期（swing period）は，1～2秒の程度であるので，上記時間区分を$\frac{1}{20}$秒程度とすれば，計算にはいってくる誤差の累積は微少であるといわれている．段段法は，きわめて手数がかかる欠点はあるが，調速機の動作や励磁電流の変化などもとり入れられるので，忠実な計算を行えるところに利点がある．

　さて，系統にじょう乱（disturbance）が発生したために，一つの同期機の入出力にΔP〔W〕の変動が生じたとすれば，

$$\frac{d^2\phi}{dt^2}=\frac{180°f}{H_{g0}}\Delta P \quad 〔度/\mathrm{s}^2〕 \tag{3・19}$$

において，短時間中ΔPを一定とすれば，

$$\frac{d\phi}{dt}=\omega=\omega_0+\frac{180°f}{H_{g0}}\Delta P\cdot t \quad 〔度/\mathrm{s}〕 \tag{3・20}$$

となるが，$\omega_0=2\pi f$は定常角速度を示す．この計算を行うのに，Δt〔s〕の区切りをつけて，逐次下記のように適用していく．

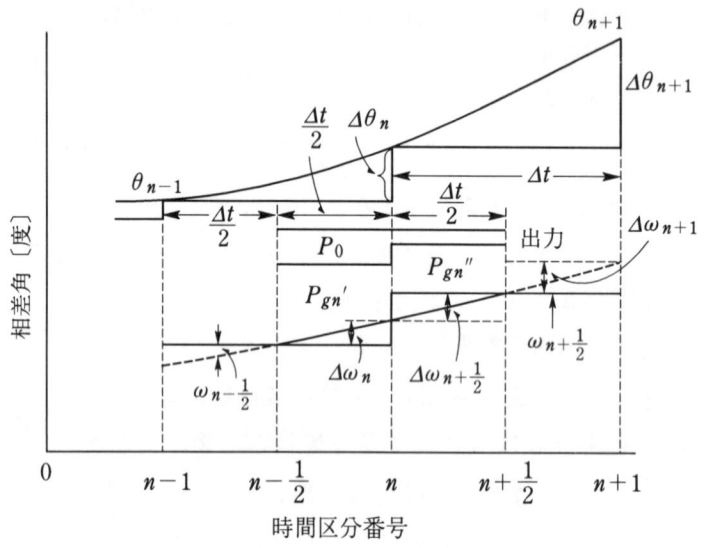

図3・9　段段法における相差角の変動の取扱法

　いま，図3・9で横軸時間をΔtの間隔に区切り，第n番目において，同期機出力がP_{gn}'からP_{gn}''〔W〕に変動したとして，おのおのは$\pm\frac{\Delta t}{2}$の間は，図示のように変化しないものとする．次に，$\Delta\omega$〔度/s〕を角速度の変化量とすれば，P_{gn}'が$\frac{\Delta t}{2}$時間加わっている間の角速度の変化量は$\Delta\omega_n$であり，また同様に，P_{gn}''が$\frac{\Delta t}{2}$時間加わっている間の変化量は$\Delta\omega_{n+\frac{1}{2}}$である．次に，$\frac{\Delta\omega}{\Delta t}=\frac{180°f}{H_{g0}}\Delta P$であるから，入力$P_{g0}$を一定とすれば，

$$\left.\begin{aligned}\Delta\omega_n&=\frac{180°f}{H_{g0}}(P_{g0}-P_{gn}')\cdot\frac{\Delta t}{2} \quad 〔度/\mathrm{s}〕\\ \text{および}\quad \Delta\omega_{n+\frac{1}{2}}&=\frac{180°f}{H_{g0}}(P_{g0}-P_{gn}'')\cdot\frac{\Delta t}{2} \quad 〔度/\mathrm{s}〕\end{aligned}\right\} \tag{3・21}$$

したがって，$\left(n+\frac{1}{2}\right)\Delta t$の瞬時の角速度は，

3・8 段段法による相差角変動の計算

$$\omega_{n+\frac{1}{2}} = \omega_{n-\frac{1}{2}} + \Delta\omega_n + \Delta\omega_{n+\frac{1}{2}}$$
$$= \omega_{n-\frac{1}{2}} + \frac{180°f}{H_{g0}}\left(P_{g0} - \frac{P_{gn}' + P_{gn}''}{2}\right)\Delta t \quad \text{〔度/s〕} \tag{3・22}$$

また，一方 $(n+1)\Delta t$ における相差角は，

$$\theta_{n+1} = \theta_n + \phi_{n+1} = \theta_n + \Delta\theta_{n+1} \quad \text{〔度〕} \tag{3・23}$$

となる．

平均角速度　しかるに，$(n-1)\Delta t$ と $(n+1)\Delta t$ の間における平均角速度は，式 $(3・22)$ で与えた $\omega_{n-\frac{1}{2}}$ と $\omega_{n+\frac{1}{2}}$ であるとしてよいから，次の関係をそれぞれみたす．

$$\left.\begin{aligned}\omega_{n-\frac{1}{2}} &= \frac{\Delta\theta_n}{\Delta t} \quad \text{〔度/s〕} \\ \text{および}\quad \omega_{n+\frac{1}{2}} &= \frac{\Delta\theta_{n+1}}{\Delta t} \quad \text{〔度/s〕}\end{aligned}\right\} \tag{3・24}$$

式 $(3・24)$ に式 $(3・22)$ を代入すると，

$$\frac{\Delta\theta_{n+1}}{\Delta t} = \frac{\Delta\theta_n}{\Delta t} + \frac{180°f}{H_{g0}}\left(P_{g0} - \frac{P_{gn}' + P_{gn}''}{2}\right)\Delta t$$

よって

$$\Delta\theta_{n+1} = \Delta\theta_n + \frac{180°f}{H_{g0}}\left(P_{g0} - \frac{P_{gn}' + P_{gn}''}{2}\right)(\Delta t)^2 \tag{3・25}$$

すなわち，式 $(3・25)$ を用いて，$n\Delta t$ から $(n+1)\Delta t$ における $\Delta\theta_{n+1}$ を求められる．

いま，$\dfrac{180°f}{H_{g0}}\cdot(\Delta t)^2$ を k と置けば，

$$\Delta\theta_{n+1} = \Delta\theta_n + k\left(P_{g0} - \frac{P_{gn}' + P_{gn}''}{2}\right) \quad \text{〔度〕} \tag{3・26}$$

これから，右辺第2項のかっこ内が判明すれば，Δt 後の相差角 θ_{n+1} がきめられる．

したがって，故障が発生した瞬時から最初の Δt の間，すなわち $n=0$ から $n+1=1$ までの間は定態相差角 θ_0 はそのまま，伝達インピーダンスだけが変化して，P_{g0} から P_g となった場合は，$P_g = P_{g0}' = P_{g0}''$ であり，$\Delta\theta_0 = 0$ であるので，$\Delta\theta_1$ は，

$$\Delta\theta_1 = k\cdot\frac{P_{g0} - P_{g0}'}{2} \quad \text{〔度〕} \tag{3・27}$$

のように，$\Delta P = P_{g0} - P_{g0}'$ の平均値を使用すべきである．

次に，出力変動の途中に不連続がない場合には，$P_{gn}' = P_{gn}'' = P_{gn}$ と置けば，式 $(3・26)$ は

$$\Delta\theta_{n+1} = \Delta\theta_n + k(P_{g0} - P_{gn}) \quad \text{〔度〕} \tag{3・28}$$

このようにして，故障の第1番目の Δt の間だけを式 $(3・25)$ により求めると，$\theta_1 = \theta_0 + \Delta\theta_1$ が得られるから，この θ_1 を用い伝達インピーダンス変化後の同期機出力 P_{g1} を出力の式から算出することができるので，式 $(3・23)$ により $\Delta\theta_2$ を求め，その後は，同一方法をくり返せばよい．また，故障回線の故障区間を遮断した場合は，不連続があるので，式 $(3・26)$ を用い，その後は再び式 $(3・28)$ を使えばよい．

3 過渡安定度の計算

一般には，同期機の過渡電圧を一定とみなし，相差角だけを計算するのであるが，励磁電流の影響を考え，誘起起電力の変化を各Δtごとにとり入れて，一層精密な相差角変動も計算できるわけで，速応励磁方式を採用した場合は，ぜひこの計算方法によるべきであろう．

3・9　段段法による過渡安定度の計算例

単位法　　この計算例では，基準にとった電圧・電流・容量のそれに対し，すべて単位法〔pu〕で表わす方法を使って見る．

まず，送電系統としては，定常状態における運転電圧は送電端発電機端子は154 kV相当，受電端の3巻線等価Y結線の接続点（図3・11 d点）電圧を140kV相当とする図3・10のような発電機・電動機（遅れ力率0.8運転）および調相機の3機系統の60Hz，200km，両端中性点直接接地の送電系統であって，それぞれの容量は150，160および80MVAであるが，140kV，100MVAを基準値にとる．

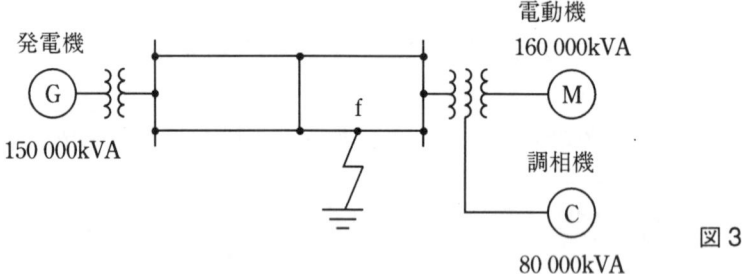

図3・10　154kV, 200km 送電系統図

もちろん，各同期機に対しては，過渡リアクタンス背後の過渡電圧を，計算例の故障として扱う1線地絡発生の前後において不変として計算を進める．

図3・11は，この場合の1線地絡発生後のリアクタンス・マップであって，各同期機の前にあるリアクタンスには，機器のリアクタンスが含まれた値を示している．なお，故障点から見た零相および逆相リアクタンスは，それぞれ0.25および0.19であるので，故障等価正相リアクタンスは0.44となる．

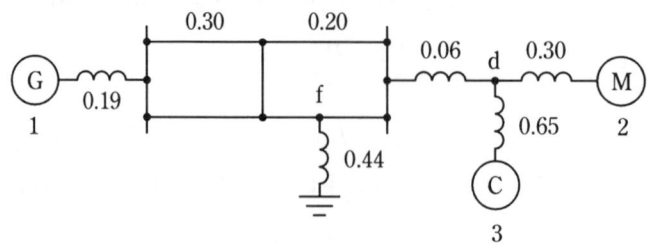

数値は140kV，100 000kVA基準のリアクタンス（単位法）

図3・11　送電系統のリアクタンス

次に，d点の電圧位相を基準として，発電機（1），電動機（2）および調相機（3）の内部における線間電圧と位相を示すと，

$$\dot{E}_1 = 1.2\varepsilon^{j25.3°},\ \dot{E}_2 = 0.78\varepsilon^{j22.7°},\ \dot{E}_3 = 1.53\varepsilon^{j0°}\ \text{[pu]}$$

3・8 段段法による過渡安定度の計算例

したがって，$\theta_{120}=48°$，$\theta_{130}=25.3°$，$\theta_{230}=22.7°$であり，定態端子出入力は，

$$P_{10}=1.00,\ P_{20}=-1.00,\ P_{30}=0\ \text{[pu]}$$

でなければならないが，精確に計算して見たところ，

$$P_{10}=1.02,\ P_{20}=1.00,\ P_{30}=-0.02\ \text{[pu]}$$

となったので，以下これらを使って計算する．

さらに，故障中における各機の電力の算出に，下記の正相伝達インピーダンスを用いる．

$$\dot{Z}_{12}=j1.44,\ \dot{Z}_{13}=j3.13,\ \dot{Z}_{23}=j1.54\ \text{[pu]}$$

よって，各機の電力は，

$$P_1=\frac{E_1E_2}{Z_{12}}\sin\theta_{12}+\frac{E_1E_3}{Z_{13}}\sin\theta_{13}=0.646\sin\theta_{12}+0.576\sin\theta_{13}\ \text{[pu]}$$

$$P_2=-\frac{E_2E_2}{Z_{12}}\sin\theta_{12}-\frac{E_1E_3}{Z_{23}}\sin\theta_{23}=-0.646\sin\theta_{12}+0.759\sin\theta_{23}\ \text{[pu]}$$

$$P_3=-\frac{E_1E_3}{Z_{13}}\sin\theta_{13}+\frac{E_2E_3}{Z_{23}}\sin\theta_{23}=-0.576\sin\theta_{13}+0.759\sin\theta_{23}\ \text{[pu]}$$

また，各機の単位慣性定数を$H_1=4.4$，$H_2=3.6$および$H_3=1.8$〔pu〕とし，$\Delta t=0.05$秒にとると，式(3・26)に用いたkは，

$$k_1=6.12,\ k_2=7.50\ \text{および}\ k_3=15.00\ \text{[pu]}$$

となる．

以上の数値を用いて，1線地絡故障中のθ_{12}，θ_{13}およびθ_{23}などの段段法による時間的変動を計算したものが表3・2であり，図3・12(a)は相差角，(b)は電力の変動を示すのであるが，この場合の1線地絡では，系統の安定度としては，脱調を見ない結果を得た．

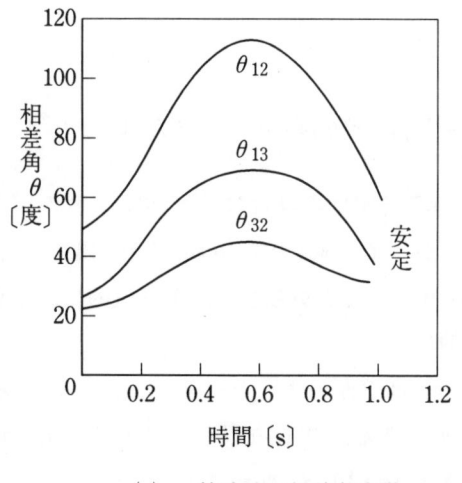

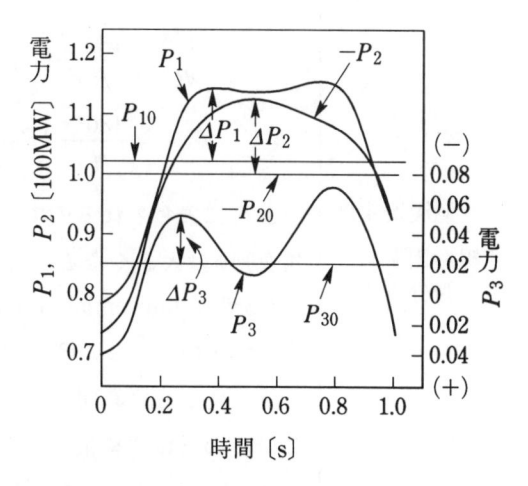

(a) 故障時の相差角変動　　(b) 故障時の発電機，電動機および調相機の電力変動

図3・12　故障時の相差角および電力の変動

付記することは，図3・11の故障点fは，2回線区間の1回線における途中であるから，2回線故障における故障点から見たインピーダンスの計算を行なわなければならない．

3 過渡安定度の計算

表3·2　1線接地故障時における相差角-時間の計算表

時間		$k_1 \Delta P_1$ $=6.12$ ΔP_1	$\Delta \theta_1$	θ_1	$k_2 \Delta P_2$ $=7.50$ ΔP_2	$\Delta \theta_2$	θ_2	$k_3 \Delta P_3$ $=15.00$ ΔP_3	$\Delta \theta_3$	θ_3	θ_{12}	θ_{13}	θ_{32}	ΔP_1	ΔP_2	ΔP_3
Δt	秒															
0	0	0°	0°	25.3°	0°	0°	-22.7°	0°	0°	0°	48.0°	25.3°	22.7°	0.29	-0.23	-0.06
1	0.05	0.90	0.90	26.2	-0.86	-0.86	-23.6	-0.48	-0.48	-0.48	49.7	26.7	23.1	0.27	-0.21	-0.06
2	0.10	1.64	2.54	28.7	-1.58	-2.44	-26.0	-0.85	-1.34	-1.83	54.7	30.6	24.2	0.20	-0.16	-0.04
3	0.15	1.22	3.77	32.5	-1.23	-3.27	-29.3	-0.54	-1.88	-3.71	61.8	36.2	25.6	0.11	-0.11	-0.00
4	0.20	0.68	4.75	37.3	-0.80	-4.07	-33.3	-0.07	-1.96	-5.67	70.6	42.9	27.7	0.02	-0.04	+0.02
5	0.25	0.11	4.86	42.1	-0.30	-4.37	-37.7	+0.31	-1.64	-7.31	79.8	49.4	30.4	-0.05	+0.02	0.04
6	0.30	-0.32	4.54	46.6	+0.13	-4.24	-41.9	0.52	-1.12	-8.43	88.6	55.1	33.5	-0.10	0.06	0.04
7	0.35	-0.60	3.94	50.6	0.47	-3.77	-45.7	0.52	-0.59	-9.02	96.3	59.6	36.7	-0.12	0.09	0.03
8	0.40	-0.73	3.21	53.8	0.69	-3.08	-48.8	0.38	-0.22	-9.24	102.6	63.1	39.6	-0.12	0.11	0.01
9	0.45	-0.75	2.46	56.3	0.84	-2.24	-51.1	0.16	-0.05	-9.29	107.3	65.6	41.8	-0.12	0.12	0.00
10	0.50	-0.73	1.73	58.0	0.89	-1.35	-52.4	0.01	-0.04	-9.33	110.4	67.3	43.1	-0.12	0.13	-0.00
...	...	...	...	...	...	...	...	...	...	...	...	...	...	...	...	...
...	...	...	...	...	...	...	...	...	...	...	...	...	...	...	...	...
19	0.95	-0.27	-4.42	40.9	0.14	4.66	-29.2	0.39	3.15	+0.31	70.1	40.6	29.5	+0.04	-0.03	-0.01
20	1.00	+0.22	-4.20	36.8	-0.20	4.46	-24.8	-0.14	3.01	3.33	61.0	33.8	27.8			

(計算順序)　$\Delta t=0$, $\theta_{120}=48.0°$ などよりP_1などを求めて, $\Delta P_{10}=0.29$ などを計算する.
　　　　　　$\Delta t=1$, $\Delta \theta_{11}=(1/2)k_1 \Delta P_{10}=0.9°$, $\theta_{11}=\theta_{10}+\Delta \theta_{11}=25.3°+0.9°=26.2°$ など,
　　　　　　ゆえに $\theta_{121}=49.7°$ など, これから $\Delta P_{11}=0.27$ を求める.
　　　　　　$\Delta t=2$, $\Delta \theta_{12}=k_1 \Delta P_{11}=1.64°$, $\Delta \theta_{12}=\Delta \theta_{11}+k_1 \Delta P_{11}=0.9°+1.64°=2.54°$,
　　　　　　$\theta_{12}=\theta_{11}+\Delta \theta_{12}=26.2°+2.54°=28.7°$ など

3·10　相差角変動の近似的理論解法

単一送電系統の両端同期機間相差角変動に対しては, たとえば, 式(3·6)を示すと,

$$\frac{d^2\phi}{dt^2}=\frac{180°f}{H_0}(P_{g0}-P_g)$$
$$=\frac{180°f}{H_0}\{P_{g0}-P_{max}\sin(\theta_0+\phi)\} \quad \text{[度またはrad./s}^2\text{]} \quad (3·29)$$

過渡安定度
非線形2階
微分方程式

のように表わされるので, 過渡安定度の場合は, 定態安定度の場合と違って, 相差角変動ϕは大きくなる. したがって, 式(3·29)は非線形2階微分方程式 (non-linear 2nd order differential equation) となるから, これを近似的に線形化して解を求めようとするのが, この節の目的である.

故障発生と故障回線の故障区間遮断のような系統変化は, その衝撃が大きいので, この節の近似法を償うことができる. ここにいう近似法は, 定常状態の相差角である θ_0 [rad] に過渡相差角 ϕ [rad] が加わるのに対して, ϕ の変動が 90° までの間は, $\sin\phi \fallingdotseq \frac{2}{\pi}\phi$, $\cos\phi \fallingdotseq 1-\frac{2}{\pi}\phi$ (数値) とするのであって, この仮定は, 相差角の過渡値 ϕ だけに適用するわけであるから, 初期相差角 θ_0 に関する出力などには, 少しも影響しない.

(a) 受電端を無限大母線とする単一送電系統

受電端が無限大母線 (infinite bus) に, 送電線を通じ, 電源発電機から電力供給

3・10 相差角変動の近似的理論解法

を行っている場合，発電機端子電圧は高圧側換算で線間電圧E_s〔V〕，また送電線絡は直接受電端につながれるものとし，線間電圧をE_r〔V〕とする．送電端変圧器を含む送電線路の4端子定数を$\dot{A}_{l0}$（複素数），$\dot{B}_{l0}$〔Ω〕，$\dot{C}_{l0}$〔S〕および$\dot{D}_{l0}$（複素数）とすれば，

$$\frac{\overline{D}_{l0}}{\overline{B}_{l0}}=\alpha_{l0}+j\beta_{l0}, \quad \frac{1}{\overline{B}_{l0}}=\gamma_{l0}+j\delta_{l0} \quad \text{〔S〕} \tag{3・30}$$

となるので，θ_{l0}をE_sとE_rとの間の相差角とすれば，送電端電力は，電源発電機出力と相等しい．

$$P_{s0}=P_{g0}=\alpha_{l0}E_s^2-\gamma_{l0}E_sE_r\cos\theta_{l0}+\delta_{l0}E_sE_r\sin\theta_{l0} \quad \text{〔W〕} \tag{3・31}$$

次に，故障発生の場合，E_g〔V〕を電源発電機の内部における過渡電圧の線間値とし，過渡リアクタンス$\sqrt{x_d'x_q}$〔Ω〕から故障等価インピーダンスを含む受電端母線までの4端子定数により求めた式(3・30)と同様の回路定数を$\alpha+j\beta$および$\gamma+j\delta$〔S〕とすれば，電源発電機の過渡出

$$P_g=\alpha E_g^2-\gamma E_gE_r\cos(\theta_0\pm\phi)+\delta E_gE_r\sin(\theta_0\pm\phi) \quad \text{〔W〕} \tag{3・32}$$

ただし，θ_0は定常状態におけるE_gとE_rの間の相差角であって，送電端における$P_{s0}+jQ_{s0}$〔W＋jVar，Q_{s0}は無効電力〕がわかり，$\sqrt{x_d'x_q}$が与えられている限り，E_gとθ_0は容易に導き出せる．また$\pm\phi$は一定のθ_0より増減する過渡相差角である．

いま，電源発電機を総合して1機と見なした場合の慣性モーメントをI_g〔kgm^2〕，極対数をp_g（数値），定常状態角周波数をω〔rad/s〕とすれば，

$$A_g=\frac{p_g^2}{9.8\omega I_g} \quad \text{〔rad/Ws}^2\text{〕} \tag{3・33}$$

なる定数を決定できる．

A_gにより，式(3・29)は下記のように改められる．

$$\frac{d^2\phi}{dt^2}=A_g(P_{g0}-P_g) \quad \text{〔rad/s}^2\text{〕} \tag{3・34}$$

式(3・34)のP_gに式(3・32)の$+\phi$の場合を代入するに当って，

$$\left.\begin{array}{l}p_0=A_g(\delta E_gE_r\cos\theta_0+\gamma E_gE_r\sin\theta_0) \quad \text{〔rad/s}^2\text{〕}\\ q_0=A_g(\delta E_gE_r\sin\theta_0-\gamma E_gE_r\cos\theta_0) \quad \text{〔rad/s}^2\text{〕}\end{array}\right\} \tag{3・35}$$

と置き整理すると，式(3・34)は下式のとおりになる．

$$\frac{d^2\phi}{dt^2}+p_0\sin\phi+q_0\cos\phi=A_g(P_{g0}-\alpha E_g^2)=A_0 \quad \text{〔rad/s}^2\text{〕} \tag{3・36}$$

この運動方程式において，摩擦項にはいるものは，すべて省略してあることをつけ加えておきたい．なお右辺A_0は定数であるが，式(3・36)はまだ非線形であるので，ϕの90°まで対し，

$$\sin\phi\fallingdotseq\frac{2}{\pi}\phi, \quad \cos\phi\fallingdotseq-\frac{2}{\pi}\phi \quad \text{（数値）} \tag{3・37}$$

と近似すれば，式(3・36)は次のように線形式となる．

3　過渡安定度の計算

$$\frac{d^2\phi}{dt^2}+(p-q)\theta=A_0-q_0=A_{01} \quad [\text{rad/s}^2] \tag{3・38}$$

ただし,

$$p=\frac{2}{\pi}p_0 \quad \text{および} \quad q=\frac{2}{\pi}q_0 \quad [\text{rad/s}^2] \tag{3・39}$$

次に，式$(3・32)$の$-\phi$の場合，すなわち減速の場合ϕの減少方向を正として,

$$\frac{d^2\phi}{dt^2}+(p+q)\phi=q_0-A_0=A_{01}' \quad [\text{rad/s}^2] \tag{3・40}$$

となり，一般の送電系統では，$p>0$, $q\geq0$であるから，式$(3・40)$は振動的であって，θ_0よりある最大値以内でϕが減少するよう変動するだけで，もちろん系統は安定である．

式$(3・38)$に対する検討は，後述することとしたい．

(b) 送受両端同期機を考えた単一送電系統

送受両端の同期機を有限とし，両機の過渡電圧E_g, E_m $[V]$間における故障を含んだ正相4端子定数から，前述したと同様に，$\alpha+j\beta$および$\gamma+j\delta$を求めて，両端同期機の過渡出入力を示すと,

$$\left.\begin{array}{l} P_g=\alpha E_g^2-\gamma E_g E_m\cos(\theta_0+\phi)+\delta E_g E_m\sin(\theta_0+\phi) \quad [\text{W}] \\ P_m=-\alpha E_m^2+\gamma E_g E_m\cos(\theta_0+\phi)+\delta E_g E_m\sin(\theta_0+\phi) \quad [\text{W}] \end{array}\right\} \tag{3・41}$$

相差角変動式　よって，式$(3・34)$と同様にして，相差角変動式を作ると,

$$\frac{d^2\phi}{dt^2}=A_g(P_{g0}-P_g)+A_m(P_{m0}-P_m) \quad [\text{rad/s}^2] \tag{3・42}$$

ただし，$A_m=\dfrac{p_m^2}{9.8\omega I_m}$, p_mは受電端同期機の極対数，I_mは同じく慣性モーメント$[\text{kgm}^2]$，またP_{m0}は定常状態入力$[\text{W}]$を示す．

式$(3・42)$に式$(3・41)$を代入すれば,

$$\frac{d^2\phi}{dt^2}-(A_g-A_m)\gamma E_g E_m\cos(\theta_0+\phi)+(A_g+A_m)\delta E_g E_m\sin(\theta_0+\phi)$$
$$=A_g P_{g0}+A_m P_{m0}-\left(A_g\alpha E_g^2-A_m\alpha E_m^2\right) \tag{3・43}$$

となる．式$(3・43)$において,

$$\left.\begin{array}{l} p_{g0}=A_g(\delta E_g E_m\cos\theta_0+\gamma E_g E_m\sin\theta_0) \\ q_{g0}=A_g(\delta E_g E_m\sin\theta_0-\gamma E_g E_m\cos\theta_0) \\ p_{m0}=A_m(\delta E_g E_m\cos\theta_0-\gamma E_g E_m\sin\theta_0) \\ q_{m0}=A_m(\delta E_g E_m\sin\theta_0+\gamma E_g E_m\cos\theta_0) \end{array}\right\} \quad [\text{rad/s}^2] \tag{3・44}$$

と置けば，式$(3・43)$は

$$\frac{d^2\phi}{dt^2}+p_{g0}\sin\phi+q_{g0}\cos\phi+p_{m0}\sin\phi+q_{m0}\cos\phi$$
$$=A_{g0}P_{g0}+A_m P_{m0}-\left(A_g\alpha E_g^2-A_m\alpha E_m^2\right) \quad [\text{rad/s}^2] \tag{3・45}$$

3·10 相差角変動の近似的理論解法

式(3·44)に対し，式(3·37)の近似法を適用し，かつ，

$$p_g, q_g, p_m \text{および} q_m = \frac{2}{\pi}(p_{g0}, q_{g0}, p_{m0} \text{および} q_{m0}) \ [\text{s}^{-2}]$$

と置けば，式(3·45)は

$$\frac{d^2\phi}{dt^2} - \{(p_g - q_g) + (p_m - q_m)\}\phi = A_g P_{g0} + A_m P_{m0}$$

$$-(q_{g0} + q_{m0}) - (A_g \alpha E_g^2 - A_m \alpha E_m^2) = A_{01} \ [\text{rad/s}^2] \quad (3·46)$$

のように線形化できる．なお，$-\phi$の場合についても述べるべきであるが，式(3·40)とほぼ同様につき省く．

(c) 相差角変動方程式の解

式(3·46)の左辺第2項を下記のとおり置く．

$$p_g - q_g + p_m - q_m = m^2 \ [\text{s}^{-2}] \quad (3·47)$$

しかるときは，式(3·46)は

$$\frac{d^2\phi}{dt^2} + m^2\phi = A_{01} \ [\text{rad/s}^2] \quad (3·48)$$

となって，電気回路におけるインダクタンスL〔H〕とキャパシタンスC〔F〕の直列回路に定電圧E〔V〕を加えた場合の電荷q〔C〕を求める場合と全く同じになる．ちょうど，$L=1\text{H}$，$C=\dfrac{1}{m^2}$〔F〕および$E=A_{01}$〔V〕になったと思えばよい．ただし，電気回路では，Cは常に正であるが，この場合のm^2は，$m^2 \lessgtr 0$の3条件があることを特徴とする．

なお，相差角変動の初期$t=0$においては，過渡相差角$\phi=0$であり，かつ$\dfrac{d\phi}{dt}=0$であることを知って，式(3·48)を$m^2 \lessgtr 0$の三つの場合につき，ϕの解を示すと次のとおりである．

$$\left.\begin{array}{ll} (1) \ m^2 < 0, & \phi = \dfrac{A_{01}}{m^2}(\cosh mt - 1) \\[2mm] (2) \ m^2 = 0, & \phi = \dfrac{A_{01}}{m^2} \cdot \dfrac{t^2}{2} \\[2mm] (3) \ m^2 > 0, & \phi = \dfrac{A_{01}}{m^2}(1 - \cos mt) \end{array}\right\} \ [\text{rad}] \quad (3·49)$$

式(3·49)から明らかなように，(1)と(2)の場合は，ともにϕの変動が非振動的で，ϕはθ_0の初期値から増大の一途をたどるので，発電機は加速し電動機は減速していくから，系統は不安定すなわち脱調してしまう．

ただし，(3)の場合だけが，$\dfrac{2A_{01}}{m^2}$を最大値とし，θ_0を基線(base line)とする正弦波的振動を行い，$\dfrac{2\pi}{m}$〔s〕なる周期(period)で変動する．もし$\dfrac{A_{01}}{m^2} \leq \dfrac{\pi}{4}$であれば，$\phi$の変動は$\theta_0$から算えて$\dfrac{\pi}{2}$，すなわち第1象限以内に最大変動値があるので，もちろん系統は安定であるといえる．

しかるに，ϕが$\theta_0 + \dfrac{\pi}{2}$以内に止まらないとするならば，すなわち$\phi$の変動が，その第1象限内に納まらないとすると，前記と同じ近似法の活用により，$\theta_0 + \phi$がϕの第

相差角
変動方程式

2象限である $\frac{\pi}{2} \leq \phi \leq \pi$ における相差角変動方程式を導くと，

$$\frac{d^2\phi}{dt^2} - \{(p_g - q_g) + (p_m - q_m)\}\phi = A_g P_{g0} + A_m P_{m0}$$
$$- (p_{g0} + q_{m0}) - (A_g \alpha E_g^2 - A_m \alpha E_m^2) \quad [\text{rad/s}^2] \qquad (3\cdot50)$$

となる．式 $(3\cdot46)$ を解くに当っての初期条件は，$t=0$ において，$\phi = \frac{\pi}{2}$ すなわち $\theta_0' = \theta_0 + \frac{\pi}{2}$, $\frac{d\phi}{dt} = \left[\frac{d\phi}{dt}\right]_{\phi=\frac{\pi}{2}}$ となる．しかるに，式 $(3\cdot50)$ の右辺第2項の係数は負であるので，ϕ は増加するのみで，系統は不安定となること明らかである．

したがって，系統が安定であるためには，過渡相差角 ϕ がその第1象限内に納まらなければならない．

送電系統が複雑になってきても，いいかえれば，多端子系統となって，各々を単一同期機で表現する多機間の過渡安定度を決定する相差角変動を，この節の方法を用いて解くことも，もちろんできるが，複雑さを増すだけで，解き方は同様であるので省略する．

(d) 計算例

図 $3\cdot13$ は，計算に用いた3機系統で，左方は電源で，右方は二つの負荷を示し，いずれも突極同期機として扱ってある．

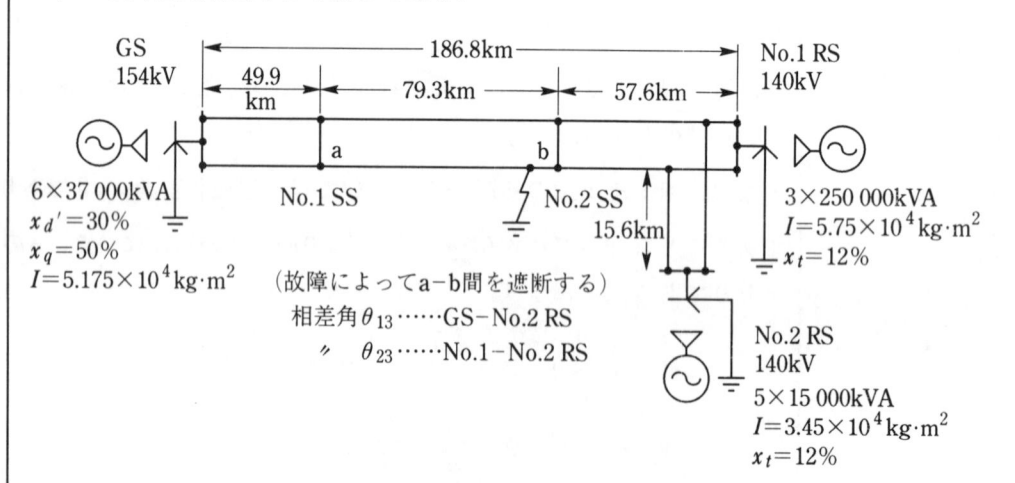

図 $3\cdot13$　3機系統の例

設備容量など図示のとおりで，中性点は直接接地方式とし，1線地絡が第2区間の第2開閉所付近で発生しかつ適切な遮断時間で故障区間の1回線を遮断した場合の相差角変動を，この項で述べた近似的理論解法を用いて計算した結果が図 $3\cdot14$ である．

初期条件としては，発電機出力73.16MW，両電動機とも入力35MW，発電機と第1電動機間相差角29.2°，第1および第2電動機のそれが0.6°であり，1線地絡発生のままでは，図 $3\cdot14$ の点線で示した相差角変動となるが，故障区間の1回線（a－b間）遮断を0.1，0.2，0.3および0.4秒で行えばいずれも安定であるが，0.5秒になると不安定であった場合が図 $3\cdot14$ の実線曲線である．

なお，送電線路としては，179mm^2 の硬銅より線を使い，線間距離は $4.05 \times 3.58 \times 7.6$ m，回線間距離上・中および下線線間6.68，8.5および7.28m，下線用腕金の地上高15.8mである．また，突極機としての％リアクタンスは，各機ともその容量にお

3·10 相差角変動の近似的理論解法

いて同一値を使用してあり，その他必要事項は図3·13中に記入してあるとおりとする．

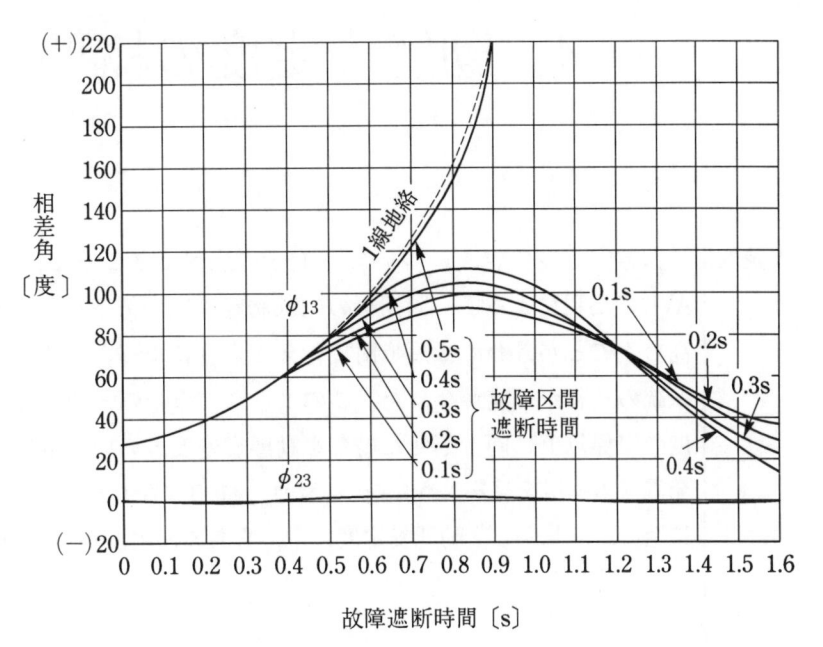

図3·14 故障継続時間と相差角の変動

4 動態安定度の概要

動態安定度　動態安定度の定義については1・3に述べたところで，要するに応答特性のよいAVRの出現によって，同期機の内部誘起電圧の低下を抑えるばかりでなく，さらに高めることがきわめて短時間で行えるようになったため，定態安定限度以上の送電系統の運転が可能となった．このように，系統の安定度を，AVRによって定態安定度の限界以上に向上させた場合を動態安定度といい，最近のように大容量タービン発電機の採用を見るようになってから，1・3に記した理由により，とくに注目されるに至った．しかし，動態安定度にも，もちろん限度があるのはいうまでもない．

4・1　AVR不動とした場合の安定度

AVR　電源発電機にAVRがあったとしても，その応答時間が非常に遅い旧式ではAVR不動とみなされる場合が多い．しかるときは，発電機の励磁電流が一定，すなわち，同期リアクタンス背後の誘起電圧が不変とみなされるので，こうした場合の発電機端子のベクトル電力の変化を調べる必要が生ずる．いいかえれば，定励磁電流における発電機の安定運転限界，換言すれば定態安定限界はどこにあるかについて，まず述べておかねばならない．

いま，図4・1のような等価系統を考え，電源は水車またはタービン発電機とし，e_{d0}〔V〕は前述の同期リアクタンス背後の内部電圧，e_t〔V〕は端子電圧とする．受電端は無限大母線と考え，その端子電圧e_r〔V〕は一定とする．また，x〔Ω〕は等価線路リアクタンスを示す．もし，発電機端子にx'〔Ω〕なるリアクタンスが並列にあったとすれば，$x_e = \dfrac{xx'}{x+x'}$〔Ω〕，$e_r' = \dfrac{x'}{x+x'}e_r = \dfrac{x_e}{x}e_r$〔V〕とおくことによって，図4・1と同様な等価系統が得られる．ただし，図4・1において，xをx_e，e_rをe_r'と変更しなければならない．

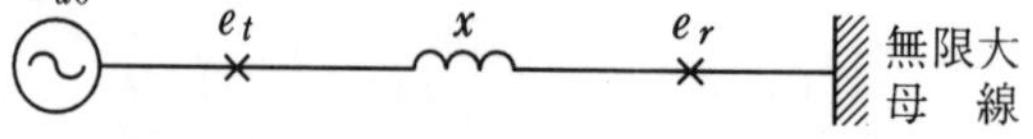

図4・1

(a) タービン発電機の定態安定度

タービン発電機　タービン発電機では，直軸と横軸の各同期リアクタンスx_dとx_q〔Ω〕は，大体等しいと見てよいから，$x_d \fallingdotseq x_q$とおける．この場合のベクトル図は，図4・2のようになる．

図4・2において，I_qとI_d〔A〕は同期機電流I〔A〕の端子電圧e_tの有効分と無効分を示す．しかるとき，同期機出力の有効分および無効分は，

4・1 AVR不動とした場合の安定度

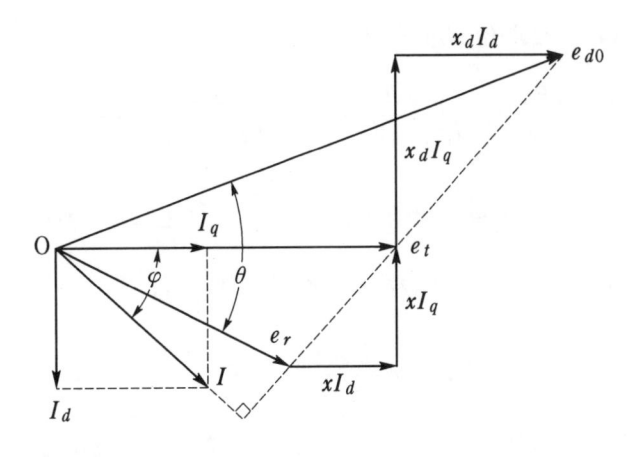

図4・2

$$P_t = 3e_t I_q \ [\text{W}] \\ Q_t = 3e_t I_d \ [\text{var}] \Bigg\} \quad (4\cdot 1)$$

つぎに，e_t を基準ベクトルとして電流を求めると，

$$\dot{I} = -j\frac{e_{d0}\varepsilon^{j\theta} - e_r}{x_d + x} \ [\text{A}] \quad (4\cdot 2)$$

よって，無限大母線への入力は，

$$P_r + jQ_r = 3e_r\bar{I} = j\left(\frac{E_{d0}E_r}{x_d+x}\cos\theta - \frac{E_r^2}{x_d+x}\right) + \frac{E_{d0}E_r}{x_d+x}\sin\theta \ [\text{W}+j\text{var}] \quad (4\cdot 3)$$

ただし，E_{d0} と E_r [V] は，それぞれ e_{d0} と e_r に対する線間電圧を示す．

つぎに，式 $(4\cdot 2)$ を書きかえると，

$$\dot{I} = \frac{1}{x_d+x}\{e_{d0}\sin\theta - j(e_{d0}\cos\theta - e_r)\} \ [\text{A}] \quad (4\cdot 4)$$

$\dot{I}$ の絶対値は，

$$|\dot{I}| = \frac{1}{x_d+x}\sqrt{e_{d0}^2 + e_r^2 - 2e_{d0}e_r\cos\theta} \ [\text{A}] \quad (4\cdot 5)$$

無効電力損 図4・1の線路における無効電力損は，

$$3x|\dot{I}|^2 = \frac{3x}{(x_d+x)^2}(e_{d0}^2 + e_r^2 - 2e_{d0}e_r\cos\theta) \ [\text{var}] \quad (4\cdot 6)$$

よって，タービン発電機の無効出力は，

$$Q_t = Q_r + 3x|\dot{I}|^2 \\ = \frac{x}{(x_d+x)^2}E_{d0}^2 - \frac{x_d}{(x_d+x)^2}E_r^2 + \frac{x_d-x}{(x_d+x)^2}E_{d0}E_r\cos\theta \ [\text{var}] \quad (4\cdot 7)$$

タービン発電機の有効出力 さて，タービン発電機の有効出力は，式 $(4\cdot 3)$ において，定励磁電流とし E_{d0} を固定したとすれば，相差角 θ だけの関数であるから，θ に対する有効出力変化率は，

$$\frac{dP_r}{d\theta} = \frac{E_{d0}E_r}{x_d+x}\cos\theta \ [\text{W/度}] \quad (4\cdot 8)$$

によって与えられる．$\cos\theta$ は式 $(4\cdot 7)$ から，

$$\cos\theta = -\frac{x}{x_d-x}\cdot\frac{E_{d0}}{E_r} + \frac{x_d}{x_d-x}\cdot\frac{E_r}{E_{d0}} + \frac{(x_d+x)^2}{x_d-x}\cdot\frac{Q_r}{E_{d0}E_r} \ [\text{数値}] \quad (4\cdot 9)$$

4 動態安定度の概要

式 $(4\cdot9)$ を式 $(4\cdot8)$ に代入すると，

$$\frac{dP_r}{d\theta}=-\frac{xE_{d0}^2}{(x_d+x)(x_d-x)}+\frac{x_d E_r^2}{(x_d+x)(x_d-x)}+\frac{x_d+x}{x_d-x}Q_r \quad [\text{W/度}] \quad (4\cdot10)$$

安定極限出力　タービン発電機の安定極限出力は，$\dfrac{dP_r}{d\theta}=0$ において発生するから，相差角は $\theta=90°$ となることがわかる．極限出力 P_t は，

$$P_{t,\text{max.}}=P_{r,\text{max.}}=\frac{E_{d0}E_r}{x_d+x} \quad [\text{W}] \quad (4\cdot11)$$

無効出力　また，$\theta=90°$ における安定極限出力に対する無効出力は，

$$Q_{t,\theta=90°}=\frac{x}{(x_d+x)^2}E_{d0}^2-\frac{x_d}{(x_d+x)^2}E_r^2 \quad [\text{var}] \quad (4\cdot12)$$

つぎに，図 **4・2** のベクトル関係から，

$$\left.\begin{array}{l}e_{d0}^2=(e_t+x_d I_d)^2+(x_d I_q)^2 \quad [\text{V}^2]\\ \text{および}\quad e_r^2=(e_t-x I_d)^2+(x I_q)^2 \quad [\text{V}^2]\end{array}\right\} \quad (4\cdot13)$$

であり，また一方，

$$I_q=\frac{P_t}{3e_t} \quad \text{および} \quad I_q=\frac{Q_t}{3e_t} \quad [\text{A}] \quad (4\cdot14)$$

であるから，

$$\left.\begin{array}{l}e_{d0}^2=\dfrac{1}{e_t^2}\left\{\left(e_t^2+\dfrac{x_d Q_t}{3}\right)^2+\left(\dfrac{x_d P_t}{3}\right)^2\right\} \quad [\text{V}^2]\\ \text{および}\quad e_r^2=\dfrac{1}{e_t^2}\left\{\left(e_t^2-\dfrac{x Q_t}{3}\right)^2+\left(\dfrac{x P_t}{3}\right)^2\right\} \quad [\text{V}^2]\end{array}\right\} \quad (4\cdot15)$$

式 $(4\cdot15)$ を3倍することによって，相電圧を線間電圧で示せば，

$$\left.\begin{array}{l}E_{d0}^2=\dfrac{1}{E_t^2}\left\{(E_t^2+x_d Q_t)^2+(x_d P_t)^2\right\} \quad [\text{V}^2]\\ E_r^2=\dfrac{1}{E_t^2}\left\{(E_t^2-x Q_t)^2+(x P_t)^2\right\} \quad [\text{V}^2]\end{array}\right\} \quad (4\cdot16)$$

この式 $(4\cdot16)$ を，式 $(4\cdot12)$ における $Q_{t,\theta=90°}$ に代入すると，

$$(x_d+x)^2 E_t^2 Q_t = x\left\{(E_t^2+x_d Q_t)^2+(x_d P_t)^2\right\}$$
$$\qquad -x_d\left\{(E_t^2-x Q_t)^2+(x P_t)^2\right\}$$

あるいは，

$$x_d x P_t^2-(x_d-x)E_t^2 Q_t+x_d x Q_t^2-E_t^4=0 \quad [\text{V}^4] \quad (4\cdot17)$$

式 $(4\cdot17)$ に $\dfrac{x_d}{xE_t^4}$ をかけて整理すると，

$$\left(\frac{x_d P_t}{E_t^2}\right)^2-\left\{\frac{x_d Q_t}{E_t^2}+\frac{1}{2}\left(1-\frac{x_d}{x}\right)\right\}^2=\frac{1}{4}\left(1+\frac{x_d}{x}\right) \quad [\text{数値}] \quad (4\cdot18)$$

4·1 AVR不動とした場合の安定度

円方程式　式 (4·18) は，$\dfrac{x_d P_t}{E_t^2}$ と $\dfrac{x_d Q_t}{E_t^2}$ に関する円方程式を示し，中心座標は，$\dfrac{x_d P_t}{E_t^2}$ 軸において 0，また $\dfrac{x_d Q_t}{E_t^2}$ 軸において $\dfrac{1}{2}\left(1-\dfrac{x_d}{x}\right)$ であり，半径は $\dfrac{1}{2}\left(1+\dfrac{x_d}{x}\right)$ となる．

式 (4·18) の与える円は，発電機内部電圧 E_{d0} と無限大母線電圧 E_r との間の相差角 θ が 90°における安定極限における有効出力 P_t と無効出力 Q_t との関係であって，この円以外においては不安定となる．なお，円の半径が大，すなわち $\dfrac{x_d}{x}$ が大になるほど，反対に $\dfrac{x}{x_d}$ が小さくなるにしたがって安定範囲が増大するのは，図 4·3 からも明らかであろう．

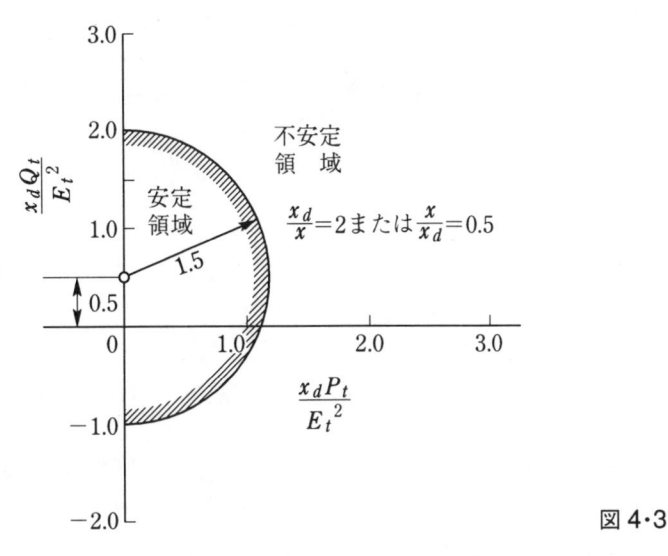

図 4·3

図 4·3 では，すべて単位法で与えるものとし，以下一，二の特別の場合を検討して見よう．

(1) $P_t = 0$ の場合は，

$$\dfrac{x_d Q_t}{E_t^2} = \dfrac{x_d}{x} \quad \text{または} -1$$

となるのであって，図 4·3 にも示されているとおり，$\dfrac{x_d}{x}=2$ では，$\dfrac{x_d Q_t}{E_t^2}=2$ と -1 の二つの場合ができる．このうち -1 は $\dfrac{x_d}{x}$ の値いかんにかかわらない．この場合の Q_t は，

$$Q_t = -\dfrac{E_t^2}{x_d} \ [\text{pu}] \tag{4·19}$$

となるが，$x=0$ であり $E_{d0}=0$，すなわちタービン発電機が無励磁で，無限大母線から無効電力の供給を受けることになるので，式 (4·19) の Q_t は進み無効電力である．

(2) $Q_t = 0$ すなわち力率 1 の場合

$$\dfrac{x_d P_t}{E_t^2} = \sqrt{\dfrac{x_d}{x}} \quad \text{すなわち} \quad P_t = \dfrac{E_t^2}{\sqrt{x_d x}} \ [\text{pu}] \tag{4·20}$$

となるので，x により極限出力が変わってくる．

4 動態安定度の概要

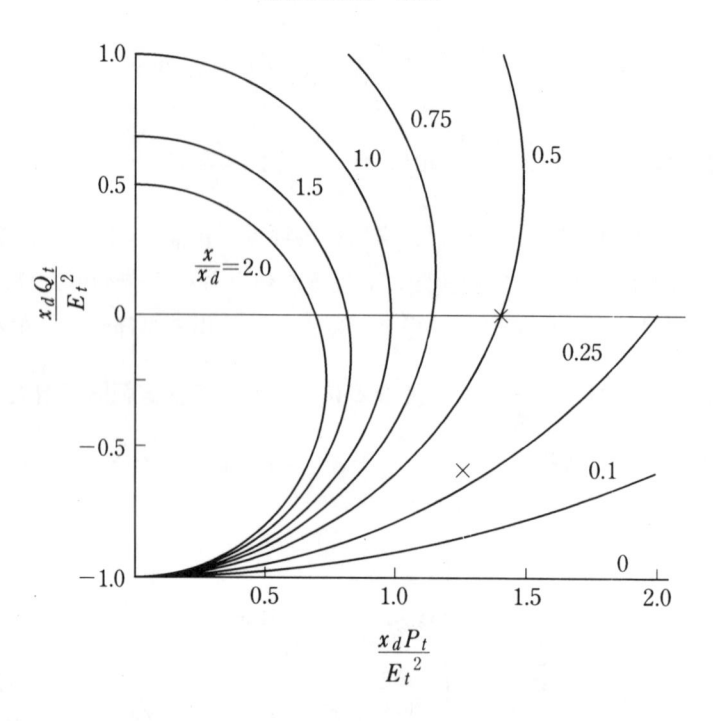

図4・4

安定限界円線図　図4・4は，$\frac{x}{x_d}$を0から2.0までのそれぞれに対するタービン発電機の安定限界円線図群を示したもので，式(4・18)から明らかなように，各円群の中心点は，すべて$\frac{x_d Q_t}{E_t^2}$軸上にあり，半径は$\frac{x}{x_d}$が減少するにしたがって増大し，$\frac{x}{x_d}=0$において，半径は無限大となる．このような円群の$\frac{x_d Q_t}{E_t^2}$軸を切る下端は，常に－1に集結するが，上端は$\frac{x}{x_d}$によって定まる．よって，$\frac{x}{x_d}=0$の場合の下端は，前述のとおり－1であるが，上端は無限大におよぶので，$\frac{x}{x_d}=0$の円の半径は無限大，すなわち直線となり，安定範囲は，式(4・19)の与える$Q_t=-\frac{E_t^2}{x_d}$より以上の範囲に関する限り無限といってよい．

(3) 定格容量

30MVA（1pu），$x_d=1.4\text{pu}$（短絡比約0.73），$x=0.7\text{pu}$なるタービン発電機および外部リアクタンスに対し，$E_t=11\text{kV}$（1pu）なる場合，進み力率0.9の運転は可能かどうか．

この場合，$\frac{x}{x_d}=\frac{0.7}{1.4}=0.5$，$\frac{x_d Q_t}{E_t^2}=\frac{1\times 0.9\times 1.4}{1^2}=1.26\text{pu}$，

$\frac{x_d Q_t}{E_t^2}=\frac{-1\times\sqrt{1.0-0.9^2}\times 1.4}{1^2}=-0.61$となるから，$\frac{x}{x_d}=0.5$の円線図の外にあるので，上記の運転は不安定だと判定できる．もし，力率1.0で運転するならば，$\frac{x_d P_t}{E_t^2}=1.0\times 1.4=1.4\text{pu}$，$\frac{x_d Q_t}{E_t^2}=0$となり，ぎりぎりで安定となる．

4·1 AVR不動とした場合の安定度

水車発電機の出力円線図

(b) 水車発電機の定態安定度

タービン発電機と違って，直横両軸の同期・過渡および初期過渡の各リアクタンスの値を異にする．次に水車発電機の出力円線図，すなわち式 (4·18) に対応するものを掲げると下記のとおりである．ただし，x_d と x_q はそれぞれ直軸と横軸の同期リアクタンスを示す．

$$\left(\frac{x_q P_t}{E_t^2}\right)^2 + \left(\frac{x_q Q_t}{E_t^2} - \frac{1-\frac{x}{x_q}}{2\frac{x}{x_q}}\right)^2$$

$$+ \frac{\left(\frac{x_d}{x_q}-1\right)\left(1+\frac{x}{x_q}\right)^2}{\left(\frac{x_d}{x_q}+\frac{x}{x_q}\right)\frac{x}{x_q}} \cdot \frac{\frac{x_q P_t}{E_t^2}}{\left(1+\frac{x_q Q_t}{E_t^2}\right)^2 + \left(\frac{x_q P_t}{E_t^2}\right)^2}$$

$$= \left(\frac{1+\frac{x}{x_q}}{2\frac{x}{x_q}}\right)^2 \quad [\text{数値}] \tag{4·21}$$

一般に $x_d > x_q$ であるから，式 (4·21) は式 (4·18) のように円線図とはならないで，いくぶん変形するが，円に近い曲線となる．もちろん，式 (4·21) において，$x_d = x_q$ とすれば，左辺第3項が消失して，全く式 (4·18) と一致するのは，当然のことである．なお，図 4·4 に対応するように描いた式 (4·21) による曲線群は，図 4·5 のとおりである．

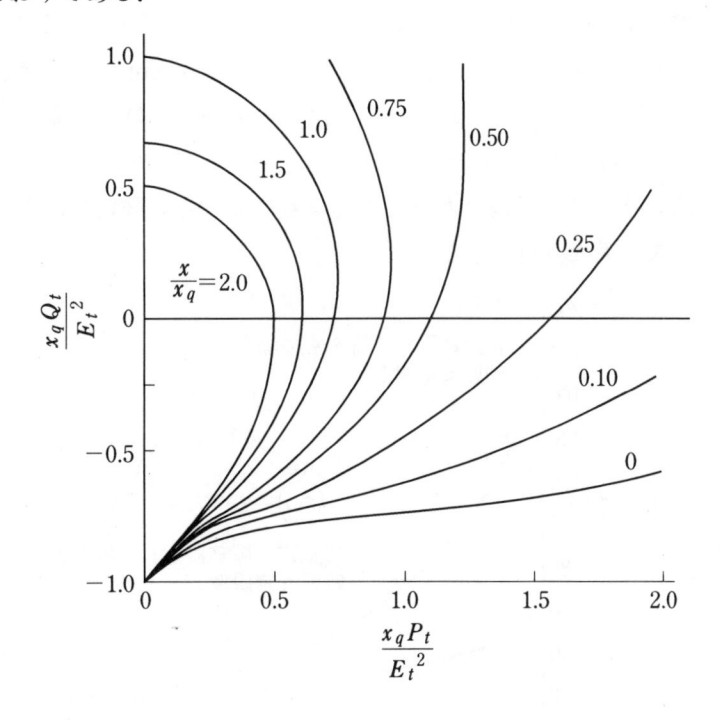

図 4·5

―45―

4・2　励磁機応答度

　送電系統に接続された同期機に対する励磁機（exciter）の端子電圧を変動させる場合，励磁機電圧の増減度を**励磁機応答**（rate of exciter response, V/s）といい，この応答を，定格同期機界磁電圧（rated field voltage of synchronous machine）で割ったものを，**励磁機応答比**（exciter response ratio）という．

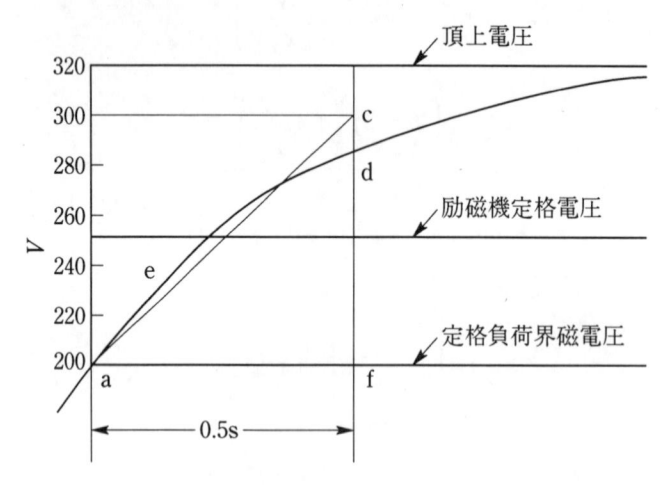

図4・6

　図4・6に示すように，定格同期機界磁電圧（たとえば200V）から，励磁機電圧を上昇させる場合，a―e―d曲線にそって0.5秒後d点に達したとすると，面積a―e―d―fに等しくなるようにとった△a―c―fのc点が与えるc―fの電圧（たとえば100V）を0.5秒で割った応答度（たとえば100/0.5＝200V/s）を，定格同期機界磁電圧に対する比（上例では1）を応答比と定義するのである．したがって，この比を増大させることが，**速応励磁方式**（quick-response exciting system）となるので，応答比が大となれば，定態安定限度よりも高い領域で運転可能，すなわち，動態安定度の範囲に入ったことになる．

　図4・7はその一例であって，実験室における試験結果にすぎないが，AVR動作の与える効果は説明できる．

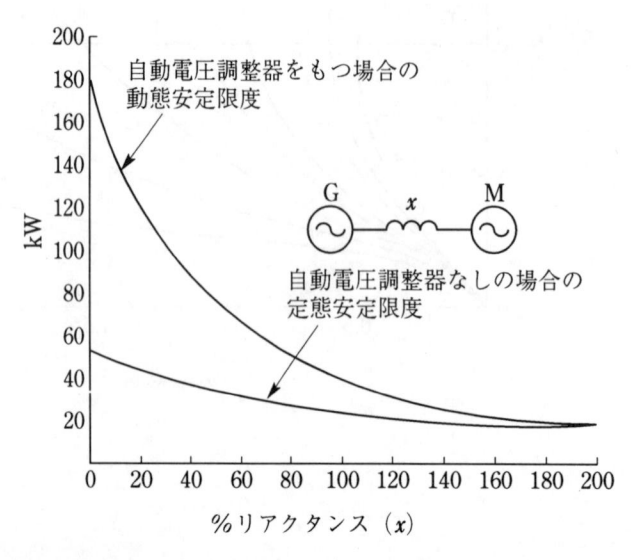

図4・7

　また，安定度を左右する同期機の直軸過渡電圧e_d'〔V〕が，励磁機応答比によっ

―46―

ていかに変化するかの例を，図4·8の上方に示してあるような水車発電機系統の1線地絡故障についての計算結果を掲げると，図4·8の4曲線のようになる．

$x_d'=0.3$
$x_2=0.2$
$x_d=0.97$
$x_q=0.65$
$T_{d0}=6$

1線地絡　$x_1=x_2=x_0=0.1$　$x_1=x_2=0.4$　$x_0=1.2$　$x_1=x_2=x_0=0.1$　無限大母線

図4·8

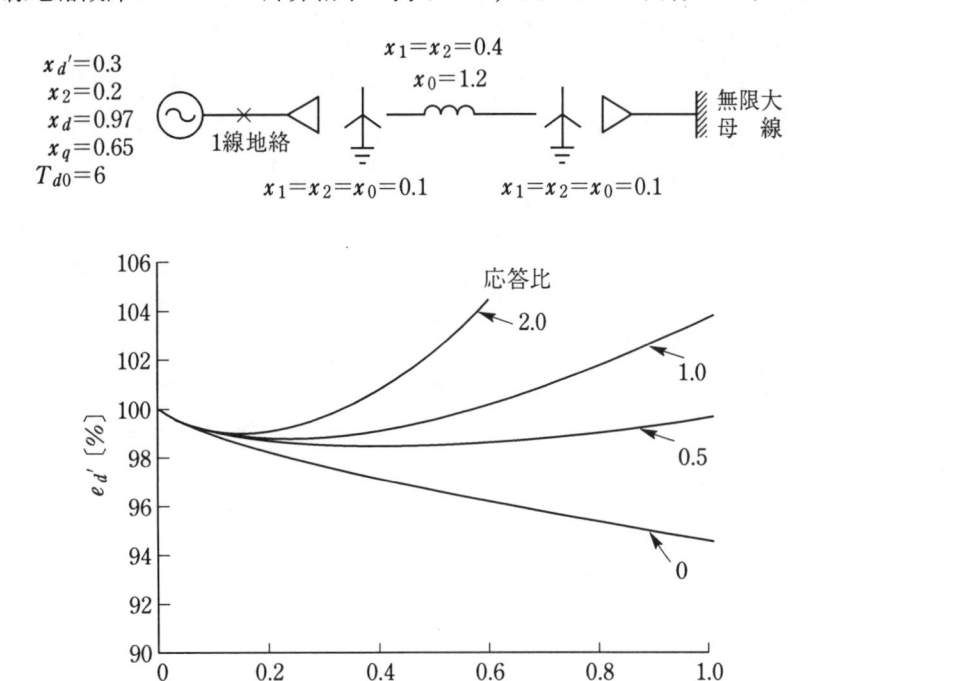

図4·8において，応答比0は電圧調整を行なわない場合で，だいたい手動調整と見てよい．応答比が2ともなればe_d'の降下はきわめてわずかで，0.4秒以前ですでに復旧し，さらに増大するというような結果を示しているので，過渡安定限度が高いのは推定できよう．

4·3　動態安定度を決定する理論式

定磁束鎖交数定理　一般に，送電系統の定態または過渡安定度を論ずる場合，いわゆる定磁束鎖交数定理 (constant-linkage theorem) に準拠し，同期機の直軸過渡電圧e_d'〔V〕(この電圧は仮想的のものであって，電機子はもちろん，界磁側の直流漏れ磁束鎖交数を電機子側に換算したと考えれば，e_d'に対する磁束鎖交数は厳密に存在するので，これに対応する電圧を過渡電圧e_d'とするので，AVRの応答が遅い場合，大容量機ほどe_d'の変化は定磁束鎖交数定理の示すとおりほとんどないと考えてよい) は不変と見られる．もちろん，定態安定度の限界点付近では，わずかの負荷増加直前の端子電圧が一定に維持されているのであるから，対応直軸過渡電圧が考えられる．よって，微少負荷増大に対しては，前の直軸過渡電圧の変化はない．

以上を拠点として，定態安定限度を算出することができるが，速応性著しい励磁方式を活用したとすれば，強制的に直軸過渡電圧を変化させることができる．ことに，負荷増大などの端子電圧低下を誘引するような原因があったとすれば，速応励磁方式は急激に直軸過渡電圧を増大させようとする．

したがって，定態安定限度を越えて，安定領域を増大するのは明らかである．よ

4 動態安定度の概要

って，AVR使用による定態安定度の増強を図る場合を，動態安定度といったほうが適切だと考える．

(a) 取扱った送電系統

図4·1に示した系統についての動態安定度の理論式を示そうと考えるが，同期機は一般的な突極機として扱う．したがって，図4·9は，そのベクトル図であるが，使用の記号については，改めて説明を必要としないであろう．

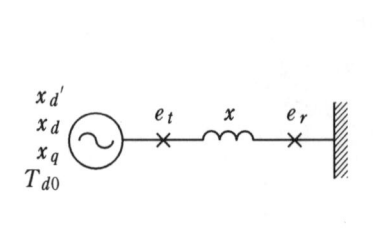

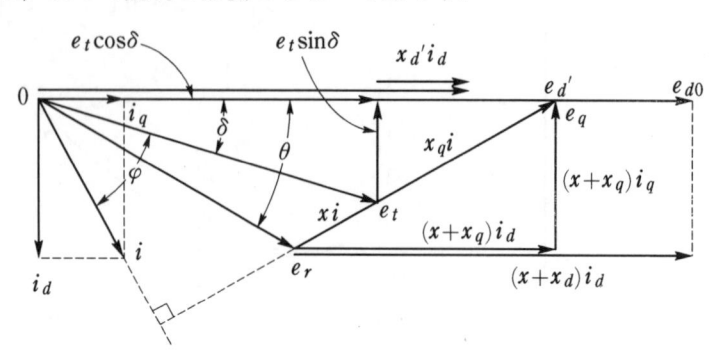

図4·9 突極機をもつ系統のベクトル図

(b) 同期機の伝達関数

同期機に対する原動機からの入力変化を $\Delta P_m = 0$ とし，全相差角 θ の微少変化 $\Delta\theta$ に基づく同期機出力の微少変化 ΔP〔pu〕を考えるにあたり，AVR動作に基づく界磁電圧の微少変化を ΔE_f〔pu〕とした場合の同期機の伝達関数（transfer function）は，

$$F_m = \frac{A_6\left(\dfrac{H}{180f}p^2 + Dp + A_1 - \dfrac{A_3 A_4}{A_6}\right)}{\dfrac{H}{180f}\cdot T_d p^3 + \left(\dfrac{H}{180f} + DT_d\right)p^2 + (D + A_1 T_d)p + A_1 - A_2} \quad \text{〔pu〕} \quad (4\cdot22)$$

をもって与えられる．式(4·22)をうるのに，かなり長い説明を要するので，ここではそれを省略する．ただし，

H = 単位慣性定数〔s, または kWs/kVA ないし MWs/MVA〕

f = 定常周波数〔Hz〕

D = 制動定数（damping constant）（pu，総合制動定数で，制動巻線効果，回転摩擦，負荷の周波数特性によるもの，その他全部を含む）

T_{d0} = 電機子開路界磁時定数〔s〕

T_d = 電機子閉路界磁時定数 $= \dfrac{x_d' + x}{x_d + x} T_{d0}$〔s〕

$$A_1 = \frac{3e_{d0}e_r}{x + x_q}\cos\theta_0 + \frac{3e_t e_r \sin\delta_0}{x + x_d'}\left(1 - \frac{x_d'}{x_q}\right)\sin\theta_0 \quad \text{〔pu〕}$$

$$A_2 = \frac{3e_r^2 \sin^2\theta_0}{x + x_d'} \cdot \frac{x_d - x_d'}{x + x_d} \quad \text{〔pu〕}$$

$$A_3 = \frac{3e_r}{x + x_d}\sin\theta_0 \quad \text{〔pu〕}$$

$$A_4 = e_r \sin\delta_0 \cdot \frac{x_q}{x_q + x}\cos\theta_0 - e_r \cos\delta_0 \cdot \frac{x_d'}{x_d + x}\sin\theta_0 \quad \text{〔pu〕}$$

4·3 動態安定度を決定する理論式

$$A_5 = -e_r\cos\delta_0 \cdot \frac{x_d}{x_d+x}\sin\theta_0 + e_r\sin\delta_0 \cdot \frac{x_d}{x_q+x}\cos\theta_0 \quad [\text{pu}]$$

$$A_6 = \frac{x}{x_d+x}\cos\theta_0 \quad [\text{pu}]$$

ただし，θ_0 および δ_0 は，それぞれ定常状態の相差角であり，また ΔP_m および ΔP_r, A_1 から A_6 までは，すべて単位法で与えたものである．p は $\frac{d}{dt}$ であって，$p=0$ なる場合は，

$$F_{m0} = \frac{A_1A_6 - A_3A_4}{A_1 - A_2} \quad [\text{pu}] \tag{4·23}$$

となり，定常状態における同期機の端子電圧におよぼす界磁電圧の影響を示すものとなる．

励磁方式の伝達関数

(c) 励磁方式の伝達関数

励磁方式を電機子側から見た伝達関数は，図 4·10 の励磁方式に対し，

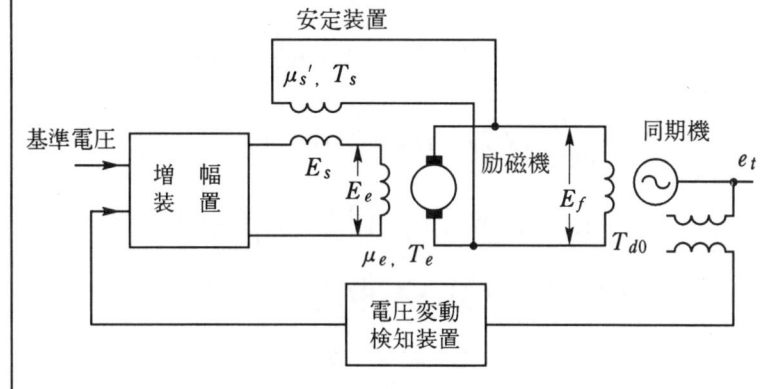

図 4·10 励磁方式

$$F_r = \frac{\mu(T_s p + 1)}{T_s T_e p^2 + \{(1+\mu_s)T_s + T_e\}p + 1} \quad [\text{pu}] \tag{4·24}$$

のように表わされる．ただし，

$\mu_e =$ 励磁機の利得（exciter gain, pu）

$T_e =$ 励磁機の時定数（exciter time constant, s）

$K =$ 電圧変動検出および増幅装置に対する利得
（combined gain for voltage-variation detector, pu）

$\mu =$ 全励磁系に対する利得（overall gain for exciting system, pu）

$$= K\mu_e \cdot \frac{x_{af}}{R_f} \doteqdot K\mu_e T_{d0}$$

$x_{af} =$ 電機子と界磁両巻線との間の相互リアクタンス [pu]

$R_f =$ 界磁巻線の抵抗 [pu] であり，$p=0$ の場合の F_{r0} を与える．

$\mu_s' =$ 安定装置の利得（stabilizer gain, pu）

で，図 4·10 の励磁方式では安定装置に変圧器を用いた場合で，その変圧比に相当する．

$T_s =$ 安定装置の時定数（stabilizer time constant [s]），上記変圧器の1次巻線の時定数（2次側，すなわち励磁機界磁回路の巻線のそれを省略してある．）

$\mu_s = \mu_e \mu_s' \quad [\text{pu}]$

(d) 全系の伝達関数と特性方程式

同期機および励磁方式の両方を一括した伝達関数は，

$$F = F_m F_r = \frac{Q(p)}{P(p)} \quad \text{[pu]} \tag{4·25}$$

であって，$Q(p)$ および $P(p)$ は，p に関しての多項式となる．この F に対する，すなわち全系の安定度を決定する特性式は，

$$G(p) = P(p) + Q(p) = 0 \quad \text{[pu]} \tag{4·26}$$

となり，下記のとおり与えられる．

$$\begin{aligned}
G(p) = & \frac{H}{180f} \cdot T_d T_s T_e p^5 \\
& + \left[\frac{H}{180f} \cdot T_d \{T_e + T_s(\mu_s+1)\} + \left(\frac{H}{180f} + DT_d \right) T_s T_e \right] p^4 \\
& + \left[\frac{H}{180f}(T_d+1) + DT_d\{T_e + T_s(\mu_s+1)\} \right. \\
& \quad \left. + (D+A_1 T_d) T_s T_e + \mu A_6 \cdot \frac{H}{180f} \cdot T_s \right] p^3 \\
& + \left[\frac{H}{180f} + DT_d + (D+A_1 T_d)\{T_e + T_s(\mu_s+1)\} \right. \\
& \quad \left. + (A_1 - A_2) T_s T_e + \mu A_6 \left(DT_s + \frac{H}{180f} \right) \right] p^2 \\
& + \left[D + A_1 T_d + (A_1 - A_2)\{T_e + T_s(\mu_s+1)\} \right. \\
& \quad \left. + \mu A_6 \left\{ D + A_1 - \frac{A_3 A_4}{A_6} T_s \right\} \right] p \\
& + \left\{ (A_1 - A_2) + \mu A_6 \left(A_1 - \frac{A_3 A_4}{A_6} \right) \right\} = 0 \quad \text{[pu]}
\end{aligned} \tag{4·27}$$

よって，AVR がない場合，すなわち $\mu = 0$ なる場合の定態安定度は，式 (4·27) において $p = 0$ とおいたものから決定でき，つぎのとおりである．

$$A_1 - A_2 \geq 0 \quad \text{[pu]} \tag{4·28}$$

を満足することが必要となる．

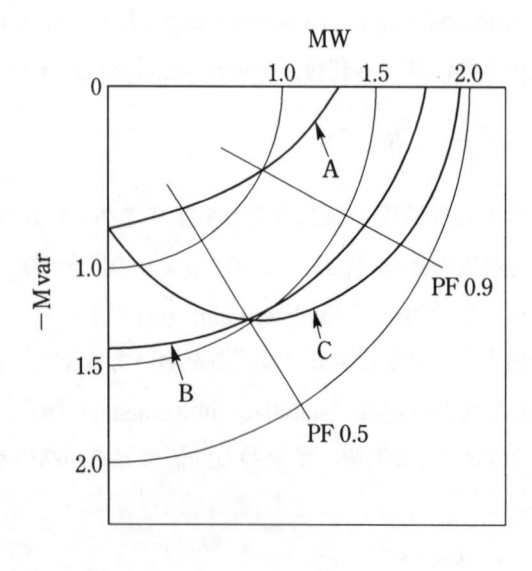

図 4·11　動態安定限度

動態安定限度 　図4·11は，式(*4·27*)から導いた動態安定限度であって，出力30 000kWのタービン発電機に対して求めたもので，各定数としては，下記に示したものを単位法で使用してある．

$H = 6$, $f = 50$Hz, $D = 3$, $e_t = 1.0$, $x_d' = 0.22$, $x = 0.4$, $T_{d0} = 5.8$ s,

$T_e = T_s = 16$ s, $\mu = 10$, $\mu_s = 3$,

曲線Aは，$x_d = x_q = 1.4$で不連続AVR

曲線Bは，$x_d = x_q = 0.7$で　　〃

曲線Cは，$x_d = x_q = 1.4$で連続AVR

4·4　動態安定度を考慮しなければならなくなった動機

　わが国の発電・送電などの電力設備において，昼間の電力需要はおびただしいものがあるけれども，深夜のそれは急激な低下をきたす．このため，送電系統の各電力所（発電所，開閉所および変電所などを一括して電力所という）における適正な電圧よりかなり上まわる電圧になるおそれがある．その理由は，長距離高電圧送電線の充電容量や並列キャパシタが大きくなっているため，重負荷時にくらべ余分の進み無効電力があるからで，並列リアクトルや同期調相機の遅れ力率運転などにより，ある程度消化しているが，なおかつ余剰進み無効電力がある場合，これを適切な方法により吸収する必要がある．

余剰進み無効電力

低励磁運転　　この目的達成に，電源発電機の無効電力を進み力率にするよう，低励磁運転（under exciting operation）すれば，系統の発生する進み無効電力の有効な吸収源となる．

　しかし，発電機を低励磁運転すると，その同期リアクタンス背後の同期電圧（synchronous e.m.f.）が小さくなって，定態安定限度はかなり低下する．よって，前記同期電圧を急速に高めて，低励磁運転を要する進み力率の場合においても，安定限界を高めるのに，たとえば連続制御のAVRを備えれば，前節に述べたように，動態安定限度まで運転可能となるのがわかるであろう．

　以上の理由で，大容量汽力タービン発電機では，とくに低励磁運転ができるような設計とされ，かつ高速度連続制御AVR（high-speed continuous-control AVR）が採用されるに至った．もちろん，水車発電機もまた低励磁運転は可能であって，系統の途中にある場合は相当有効であるが，長距離になれば，受電端電圧制御に汽力タービン発電機を使用するほど適切さを発揮できない場合が多い．

　ただし，低励磁運転を行っている場合，とくに汽力タービン発電機では，固定子端部における漏れ磁束が増すので，鉄心末端の温度上昇が著しくなるから，これに対処した設計を施さなければならない．

4・5 発電機固定子端部の温度上昇

漏れ磁束

　汽力タービン発電機が，低励磁運転すなわち進み力率の負荷をもつ場合，端子相電圧 $\dot{e}_t$〔V〕に対応するエアギャップ磁束を $\dot{\Phi}_t$，漏れ磁束を $\dot{\Phi}_l$〔Weber〕とすれば，$\dot{\Phi}_t$ は $\dot{e}_t$ より90°位相が進み，また $\dot{\Phi}_l$ は90°遅れて漏れ磁束によるリアクタンス電圧 $\dot{e}_l$〔V〕を発生するので，進み力率 φ °の場合のベクトル図は，図4・12のようになる．ただし，進み電流を $\dot{I}$〔A〕，$\dot{\Phi}_t$ と $\dot{\Phi}_l$ のベクトル和 $\dot{\Phi}_g$〔Weber〕に対応する誘起電圧 $\dot{e}_g$〔V〕とすれば，$\dot{\Phi}_g$ は $\dot{e}_g$ から90°位相が進む．

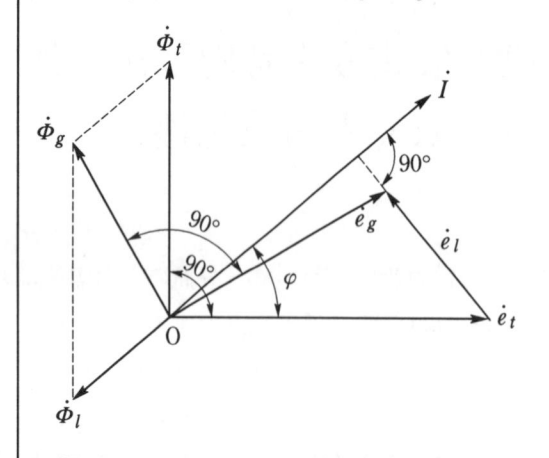

図4・12 タービン発電機が進み力率で運転している場合の電圧，電流および磁束のベクトル図

　さて，このベクトル図を見ると，まず第一に，進み電流であるので，$\dot{e}_t$ と $\dot{e}_l$ のベクトル和である $\dot{e}_g$ の大きさは，$\dot{e}_t$ より小さいので，$\dot{e}_g$ を誘起するに必要な $\dot{\Phi}_g$ は，これまた $\dot{\Phi}_t$ より小さいことがわかる．第二に，$\dot{\Phi}_t$ と $\dot{\Phi}_l$ の向きが，90°以上もちがうので，$\dot{\Phi}_g$ が $\dot{\Phi}_t$ よりもさらに小さくなることが明らかであるから，磁気回路における磁束密度は低くなるために，$\dot{\Phi}_l$ という漏れ磁束は，飽和の影響を受けることが少ないので，同一電流に対する漏れ磁束のでき方は，遅れ電流の場合よりもかなり大きくなるので，下記のような悪影響をもたらす．

　図4・13は，汽力タービン発電機の末端部構造を示したものであるが，固定子巻線からの漏れ磁束は，鉄心末端部から回転子の界磁巻線引き止めリングを通り，再び鉄心に戻っている．

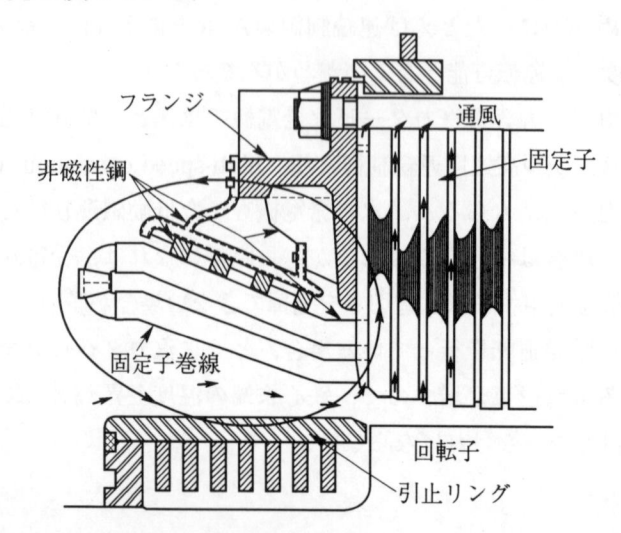

図4・13 固定子末端部の構造と漏れ磁束

漏れ磁束

　この漏れ磁束は，3相分から成り立っているので，やはり一つの回転磁束であるか

-52-

4・5 発電機固定子端部の温度上昇

ら，固定子に対し同期回転をなし，回転子に対しては，回転子と同方向に同一速度をもつので，静止していることになる．

回転子漏れ磁束 したがって，回転子漏れ磁束は，固定子の鉄心末端部と，固定子巻線を締めつけるための構造物に，渦電流損やヒステリシス損が発生するので，末端部の温度上昇はかなり危険な大きさになる場合もある．とくに，漏れ磁束の軸方向成分は成層鉄心面に渦電流損を起こすことが多い．

よって，漏れ磁束の発生を抑制するために，その通路における固定子末端部フランジ，巻線締めつけ用の帯などを非磁性体とし，また鉄心末端部のエアギャップを増すという設計にしている．

以上は，主としてタービン発電機に対する説明であるが，水車発電機ではその構造上，固定子末端部の進み力率運転における温度上昇は，ほとんどみられないのであって，実測からも確められている．

5 安定度向上対策

以上述べたところを通じて，送電系統の定態，過渡ならびに動態安定度の向上対策について，期待できる事がらを推定できるが，これらを集約すると，下記の三つに大別できる．
(a) 系統の伝達リアクタンスを減少させること
(b) 故障の場合を始めとして，系統電圧の変動を小さくすること
(c) 故障時などの電力変動を抑制すること
以下，これらに対し概説しておく．

5・1 線路および機器のリアクタンス

線路および機器のリアクタンスを低めると，系統の定態および動態安定極限電力を高めることができ，また同一送電電力に対して相差角が小さくなり，とくに過渡安定度に有効である．

インダクタンス　　しかし，送電線路自身のインダクタンスを左右するものとしての線間距離は，送電電圧したがって鉄塔などの寸法から自ら制限がある．また，電線の断面積を同一とすると，複導線によればインダクタンスをかなり小さくするに有効である．なお，経済的に問題があるけれども，回線数を増せば，全系統の安定度を高められる．

変圧器の漏れリアクタンス　　変圧器の漏れリアクタンスは，154～275kV級では，大体11～14％であり，特例として20％のものもある．発電機の漏れリアクタンスとともに，設計上からある程度以下にすることは困難で，とくに3巻線変圧器の中電圧巻線の電圧いかんによっても，若干の相違がある．なお，変圧器のリアクタンスが低いと，故障の際の短絡電流の増大から，遮断器容量を増やさなくてはならない点もあり，また経済上からも合理的な限度がある．

同期リアクタンス　　次に，発電機の各リアクタンスを減少させるように設計すれば，発電機寸法が大きくなって高価になるが，短絡比が増大し同期リアクタンスが小さくなるので，定態および動態安定極限電力を増大できる点が望ましい．

過渡安定度　　過渡安定度に対しては，直軸過渡リアクタンスx_d'〔％〕により，過渡出力が決定される．図5・1は，突極水車発電機のx_d'による過渡安定極限出力が，故障継続時間にいかに左右されるかを示したものである．

地絡事故　　次に，地絡事故では，故障点からみた逆相リアクタンスが，故障前の正相回路に故障点に並列に接続される等価リアクタンスの1部を形成するから，故障時の発電機

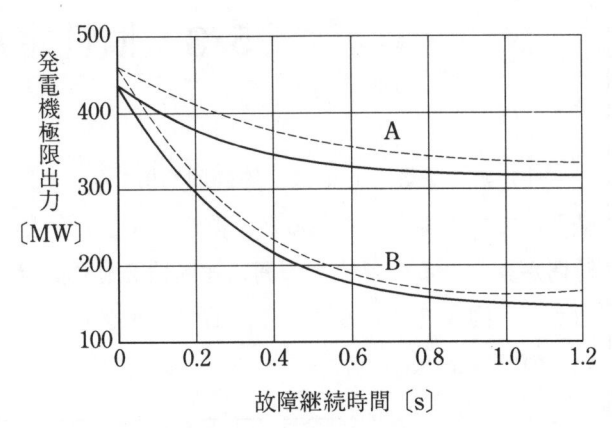

5・2　突極同期機の制動巻線

図 5・1　発電機リアクタンスの安定度におよぼす影響

A：1線地絡　　　B：2線地絡
発電機　$x_d'=30\%$（実線）
発電機　$x_d'=21\%$（点線）

出力をへらさないためには，逆相リアクタンスを大きくして，故障電流を小さくしなければならない．しかし，正相リアクタンスを減少させたいことと，上記の逆相リアクタンスを増大させたいこととは，線路そのものでは満足できない．この目的を達成できるのは，すなわち同期機の**制動巻線**といえる．

5・2　突極同期機の制動巻線

制動巻線を突極発電機に備えることは，過渡安定度の点からきわめて望ましい．制動巻線の材料と，その有無が安定度にどんな影響を与えるかは，**図 5・2** に示すとおりである．これらから，過渡安定度増進に関する限り，高抵抗の制動巻線のほうが発電機の極限電力が大，すなわち安定度を高められることがわかる．

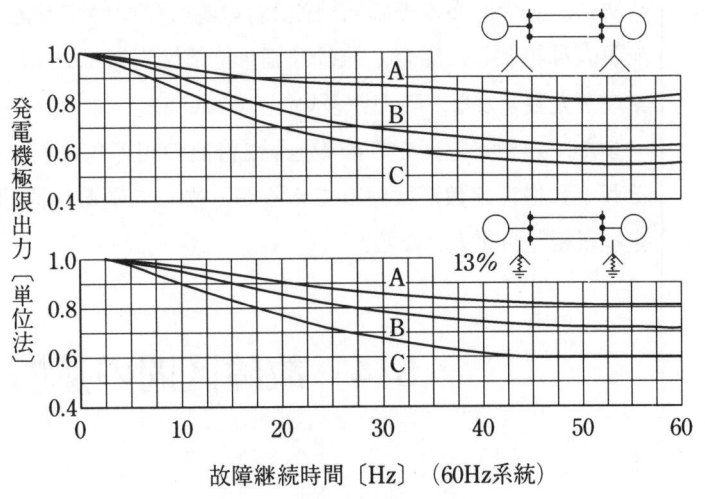

A：高抵抗　　　B：制動巻線なし　　　C：銅
上図：2線短絡　　　下図：2線地絡

図 5・2　制動巻線材質の安定度におよぼす影響

5・3 慣性定数

慣性定数

慣性定数の影響としては，等価同期機1台が無限大容量の母線に送電線路を通じ接続されている場合を考えると，慣性が大きいほど，事故時に同一相差角までの到達時間が長くなるので，この間に遮断器を動作させ，系統を安定に導くのに役立つ．しかし，図5・3にみるように，慣性をかなり増大しても，その効果はそれほど大きいものではない．

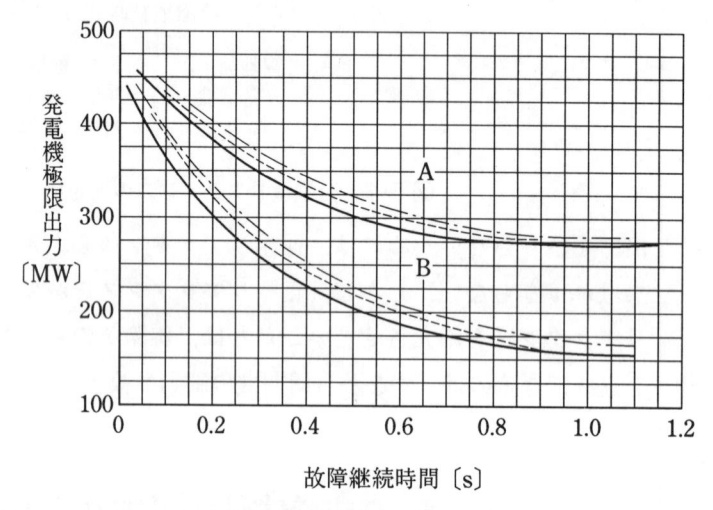

A：1線地絡故障　　B：2線地絡故障
──── ：最小 WR^2（$1.31×10^6$ kg・m^2）
－－－－：50% WR^2 負荷
－・－・：100% WR^2 負荷
　　　　発電機は $4×75\,000$ kVA，$x_d=20\%$
　　　　変圧器のリアクタンスは　$x_t=12\%$
　　　　故障は負荷端，2回線，451 km

図5・3　発電機の慣性が系統の安定度におよぼす影響

次に，送受両端の等価同期機2台の場合について考えると，2台の場合に，一方を無限大母線とした場合，他は等価単位慣性定数は式 (3・5) に示すようになるが，受電端が大容量となることが多い．

また，定態安定度をきめる上記2台間の相差角にも，式 (2・33) に与えたように，それぞれ慣性定数がはいってくるが，概して受電端同期機のそれが大きいほど，安定極限相差角が大となる．

5・4 故障区間の遮断時間

故障等価リアクタンス

系統に事故が発生した場合，故障時の正相回路は，故障発生前の正相回路に対し，故障点に故障等価リアクタンスを故障点に並列にあるいは直列に付加することになる．すなわち，1線地絡，線間短絡および2線地絡などに対しては並列に，1線断線では直列に故障等価リアクタンスを加えることになるので，故障後の系統に対する正

相リアクタンスが増すから，直軸過渡電圧を一定と仮定すれば，出入電力が低下するので当然安定度は阻害される．

しかし，故障区間の故障回線を遮断器により切り離すことによって，正相分伝達アドミタンスの減少を抑え，過渡安定度を高められる．この場合，故障区間の故障回線遮断時間が短いことが望ましく，重要送電幹線には，現在5サイクル遮断が普通であり，さらに4サイクル遮断も実現しそうである．もっとも，比較的低い送電電圧の場合，すでに1サイクル遮断可能の遮断器も開発されている．

<u>遮断時間</u>　このような遮断時間が，過渡安定度にどのような影響をもたらすかの一例は，図5・2から図5・3および図5・6から容易にわかる．それぞれの図の横軸の故障継続時間は，故障遮断時間をいうにほかならない．

したがって，現状における過渡安定度向上対策の第1線として，高速度遮断器の発達が促進され，継電器の動作時間を含めて，4ヘルツ程度に圧縮ができるまで，製作および運用技術が進んできた．

5・5　高速度再閉路遮断器の採用

故障区間の故障回線が，巧妙な継電器方式，たとえば搬送またはマイクロ波継電方式の活用により高速度遮断器を動作させられる上に，故障回線を遮断した後，再度回線を閉じる高速度再閉路遮断器（high-speed reclosing circuit breaker）が，実用化されて20年近くになる．

結局，定態運転・故障突発・故障回線の遮断から再度もとの定態に移行されるから，過渡安定度の増進は著しくなることがわかる．

しかるに，3相再閉路遮断方式より以上に効果があるのは，単相再閉路遮断方式といえよう．すなわち，継電方式と操作機構により故障線だけを両端同時に遮断し，故障となっている線のアークが消失し，無電圧となってイオンが吹き散らされるまでの20～25サイクル経過した後，再度高速度で回路を閉じるのである．この単相再閉路方式は，他の2線でそのまま電力を送電しているから，3相再閉路方式に比べて，過渡安定度を高められることは明らかである．しかし，3相にしても単相にしても，永久事故である場合は，再閉路すると再び故障状態となるので，2回以上再閉路を行わないようにするのが普通である．

なお，長距離1回線送電線路に，単相再閉路方式を適用することは，不平衡送電ではあるが無停電を実現できるので，安定度上もっとも妙をえたものといえよう．

ただし，無電圧時間は，遮断器の機構により10数サイクルまで短縮できるようであるが，故障によるアークを完全に消さなければならないので，無電圧時間にも自ら限度がある．

5 安定度向上対策

5・6　故障遮断後負荷抵抗のそう入

わが国でも，また米国やロシアでもいくつかの計画がある．これは，事故発生後，故障区間の故障回線が遮断された直後，電源発電機側に負荷抵抗を挿入する方法であるが，ダイナミック・ブレーキング（dynamic braking）といわれている．

　要するに，3相平衡負荷抵抗を送電端に並列にそう入することによって，発電機出力を減退させないと，受電端に対する発電機内部電圧位相の増大を抑制できるので，過渡安定度を落さないですむ．もちろん，高速度再閉路も行うのであるが，負荷抵抗そう入時間（サイクル数）と再閉路時間との間に，系統特有の関係があり，詳細な過渡安定度計算を行ってきめなくてはならない．

　なお，前記負荷抵抗は，比較的短時間のそう入であるから，せいぜい1分間定格の純抵抗で金属製とした方がよいが，その冷却に油入も考えられる．容量もまた系統によって違うばかりでなく，故障の種類と位置にもよる．しかし，継電方式の適切な応用により，負荷抵抗を数バンクに分け，適切なそう入容量とそう入時間を，あらかじめ計算の上きめる必要がある．

　負荷抵抗の電圧としては，発電機電圧とすると負荷抵抗が大形になる不利が伴う．また送電電圧が500kV級になると，負荷抵抗の絶縁設計に困難があり，かつ高価となるのが明らかであるので，中電圧たとえば154～220kV以下とされることが予想される．

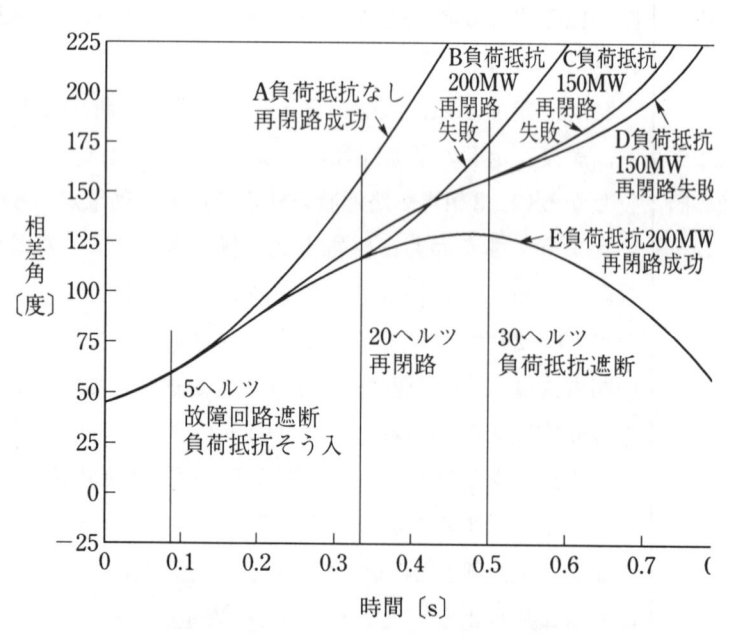

（欄外）ダイナミック・ブレーキング　過渡安定度　負荷抵抗

タービン発電機350MW，345kV　2回線　254km，1回線213kmを経て受電端へ，その他にも230kVのループ回線がある系統の送受両端間相差角変動，3相短絡故障，故障点は1回線送電線の出口，D曲線は負荷抵抗を永久投入．

図5・4　負荷抵抗のそう入による過渡安定度の増進

　図5・4は，負荷抵抗そう入による過渡安定度増進例を示すものであって，電源は350MWのタービン発電機，345kV送電線の2回線部分が254kmで，この点からさらに1回線213kmが延びている系統の1回線出口において3相短絡が発生した場合，再

-58-

閉路成功で負荷抵抗200MWの有無による送受両端間相差角変動の計算結果であり，D曲線だけは負荷抵抗を永久投入した場合を示す．

5·7　系統の中性点接地方式

　現在，66kV以下の短距離送電線路では，送電容量も小さく，また重要度も低いので，非接地方式によるものが多い．66kV以上154kVまでは，抵抗接地方式か消弧リアクトル接地方式を採用しているが，どちらかというと，154kV送電線路に抵抗接地方式が多いようである．

直接接地方式　もちろん，超高圧送電線路では，直接接地方式だけであるといってよい．

　これら各接地方式が，地絡時の安定度に対し影響するところは，直接接地方式がもっとも激しいのはいうまでもないことであるが，その対策として故障回路の遮断時間を非常に短くするよう遮断器の特性が改善された．また再閉路方式の採用も盛んになり，系統に与える動揺を極力小さくするような対策が建てられ，安定度増進が著しくなったといってよい．

抵抗接地方式
消弧リアクトル接地方式　直接接地方式に反して，抵抗接地方式における抵抗値を大にすれば，地絡故障は非常に軽微なものとなり，過渡安定度に対する影響もはなはだしくはない．消弧リアクトル接地方式においては，共振条件をほとんど満すリアクトルであったとすれば，1線地絡事故は過渡安定度に対し，まず影響がないといってよかろう．

　しかし，抵抗および消弧リアクトル接地方式は，過渡安定度以外の理由で，超高圧には使われない．

　ただ，過渡安定度の面のみからいえば，中性点に若干の抵抗かリアクタンスがあると，1線地絡時における過渡安定度の増進に非常に有効となり，継電器の動作や系統の絶縁設計にも支障をきたさないと考えられる．

低リアクトル接地方式　図5·5は，低リアクトル接地方式におけるリアクタンスの値と，過渡極限電力との関係を，受電端附近で1線地絡が起こった際，地絡後0.1sで故障回線を摘出する場合について示したもので，安定極限電力が中性点接地リアクタンス（変圧器漏れリアクタンスの倍数Nで与える）の値により，どれほど極限電力が増大するかがわかるのであって，あまりリアクタンスの値を大，すなわちNを増しても，極限電力がふえないことがわかる．

　なお，両端同期機の出入電力を変化させないことが，過渡安定度上必要であるので，送電端中性点を低抵抗接地，受電端のそれを低リアクトル接地というようにすれば，1線地絡時において，送電端発電機出力低下を抑え，また受電端同期調相機については，その蓄積エネルギーを中性点リアクトルであると消費しないので，過渡安定度に寄与するところがあるであろう．

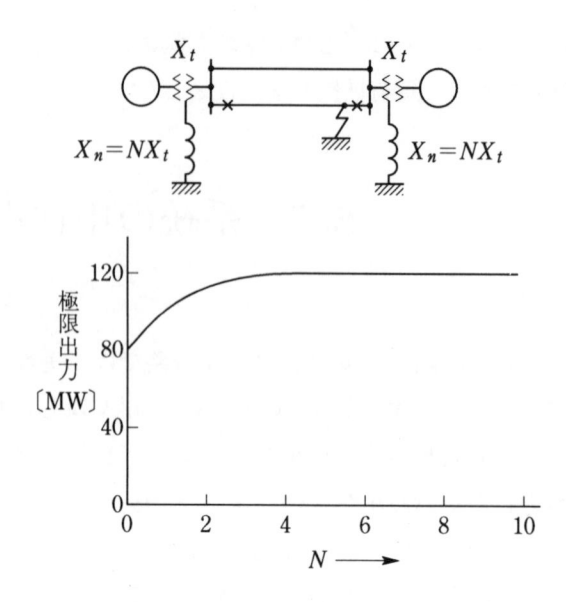

故障は1線接地，故障回線遮断は0.1s，
Nは変圧器リアクタンスx_tの倍数

図 5·5　中性点接地リアクトルの大きさが極限電力におよぼす影響

5·8　送電系統の構成

　近代の送電系統は，電力広域運営の立場から膨大な連系系統が出現している．連系系統において，1局所に事故が発生すると故障電流は非常に大きくなり，これを検知する精巧な継電方式と遮断容量の大きい遮断器が必要となる．

　しかし，この場合の遮断区間は，全系統からみてきわめて小部分に過ぎないので，全系統の過渡安定度にはなはだしい影響をおよぼすことはなく，また1部電源の遮断も全系統に響く割合が小さい．結局，系統電圧の変動幅がせまいので，安定度の低下を大いに救えるというべきであろう．

　現在，受電端である大都市周辺に，大きな連系系統が形造られているが，さらに電源側の送電端も連系すれば，いわゆるループ形が完成されるので，一層安定度に余裕ができる．

　けれども，ループ形の構成は，必ず安定度上有効とばかりいえないので，十分系統構成の比較を実施すべきものと考える．

　なお，あらかじめ事故発生を想定して，連系系統を分離する方法も考えられているが，この場合には，分離された系統における電源と負荷が平衡するよう配備しなければならない．

5・9　母線の結線法

低圧母線連絡方式
高圧母線連絡方式

　並行2回線送電線路を，発変電所で連絡するのに二つの方式がある．図5・6(a)は低圧母線連絡方式であり，(b)は高圧母線連絡方式である．

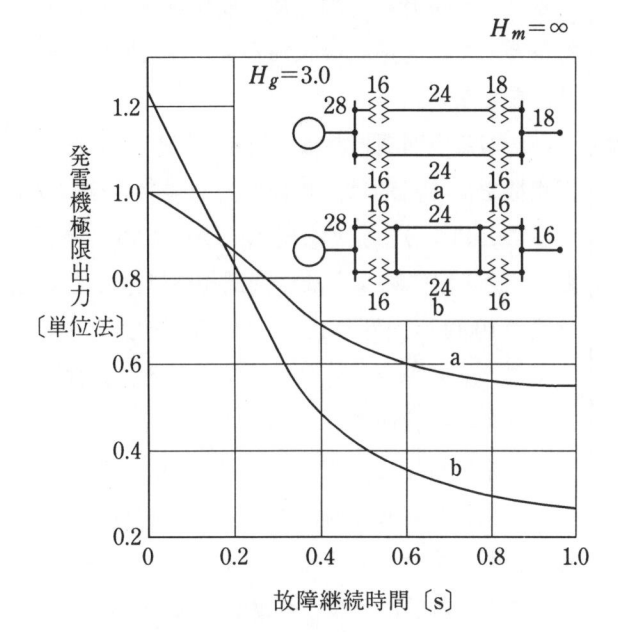

図5・6　母線配列方式が送電端の2線地絡故障時の安定度におよぼす影響

　a：低圧母線連絡方式
　b：高圧母線連絡方式
　H_g：単位慣性定数

　事故発生の場合，(b)の方式では電線路の故障区間1回線だけが遮断されて，変圧器は除去されないから，故障回線遮断後も変圧器容量には変化がないが，(a)では，事故の回線にある変圧器は事故回線とともに遮断されるので，健全回線だけの変圧器になるので，リアクタンスが増大し，故障電流が抑制される．この点は有利であるが，伝達アドミタンスの減少により安定度は低下する．

　これらの二つの母線方式について，2線地絡故障の際の極限電力と遮断時間との関係が，どのように相違するかの一例を示すと，図5・6曲線aおよびbのようになる．高圧母線方式は，故障遮断時間をかなり短縮できる場合に有利であるが，遮断時間が長い場合には，高圧母線式が不利となる．

　なお，高圧母線の拡張である中間開閉所数が多いほど，故障区間遮断距離が短くなるので，伝達アドミタンスの減少は小さいから，過渡安定度の低下が少ないことが明らかであろう．

5・10　調相機と並列キャパシタ

調相機

　普通，調相機といえば同期機であって，わが国でも80MVAが採用されている．調

相機の主目的は，受電端電圧を維持するための無効電力の発生にある．

しかるに，近来の連系系統では，受電端に比較的近く，大容量火力発電所がいくつか設備されることが多く，これらのタービン発電機により，電圧を一定にするための無効電力制御が行えるので，調相機の設置がしだいに少なくなる傾向にある．

平常運転においては，円滑な電圧制御を行える調相機ではあるが，系統の事故によるじょう乱時に脱調して，安定度を失う場合が従来しばしばみられた．その防止対策としては，適正な設備容量，速応励磁方式および優秀なAVRの活用によらなければならない．

中間調相機
Baum方式

いわゆる中間調相機は，Baum方式として一時知られたことがある．系統の中間に調相機を置く目的は，無効電力を発生させ線路の中間点における電圧を一定に維持することにより，定態安定度ばかりでなく過渡安定度や動態安定度を増進させることができる．このような中間調相機は，とくに長距離送電線路，たとえばSwedenやソ連の1000km内外の400〜500kV級線路において活用されている．

並列キャパシタ

次に，並列キャパシタは，第2次世界大戦後のわが国の77〜66kV級系統に対し，かなり多量に設置され，無効電力の発生（逆にいえば進み無効電力の吸収）を行わせて，系統電圧の一定化を図ったが，事故発生直後の動揺はやや大きいが，調相機のように動揺が長く続かないという利点がある．しかし，調相機のように，電圧維持の根源をもたないうらみがあり，かつ遅れ無効電力の吸収ができないので，並列リアクトルと併用しなければならない．

このように考えると，調相機と並列キャパシタは，それぞれ利害得失があるので，簡単に比較するとだいたい下記のとおりである．

(a) 電圧調整に当り，調相機は界磁電流の調整により，ほぼ連続的に電圧調整ができるに対し，キャパシタは，ブロック開閉であるので階段的になる．

(b) 調相機は回転機であるので，端子電圧は22kV以下（多くは変圧器の3次巻線からとなる）であるのに対し，キャパシタはわが国で77kV程度が使われている．

(c) 電力損失は，キャパシタが約0.3%であるから，調相機の1/7前後のように少ない．

(d) 設備と保守は，いずれも調相機のほうが複雑といえよう．

(e) 施設費は，キャパシタにリアクトルを併用するものとしても半分以下，年経費はさらに1/5以下と考えてよいようである．

以上から，安定度増進に対する同期機とキャパシタの比較を，経済面を含めると，まさに1利1害といってよい．ただし，送電線路を受電端から試充電する際，調相機は非常に便利であることをつけ加えておく．

5・11 直列キャパシタ

直列キャパシタ

本章の最初に述べた線路の直列リアクタンスを，容量リアクタンス（condensive reactance）を与える直列キャパシタ（series capacitor）で消去するときは，系統の伝達リアクタンスをはなはだしく低下することができる．したがって，定常状態の

相差角を小さくできるので，定態ならびに動態安定度を高められるのはいうまでもない．

ところが，直列キャパシタを電源側に含んで，事故たとえば3相短絡が発生すると，きわめて大きな短絡電流が通ずるから，直列キャパシタの端子電圧は，この短絡電流により平常運転の10倍前後にもなることがある．もし，このような故障時の端子電圧に耐えうる直列キャパシタであれば，故障時の安定度を高められるのは明らかである．

放電ギャップ　しかし，このような直列キャパシタは非常に高価となり，経済上あい入れないので，普通，端子電圧が2～4倍になると，直列キャパシタを短絡する並列の放電ギャップ（discharging gap）が動作するようにしているので，こうなると，直列キャパシタの利点はなくなるので，過渡安定度にはなんら寄与するところがない．

よって，並行2回線送電線路の場合，線路における事故区間の1回線を遮断後，再度直列キャパシタの機能を発揮するよう放電ギャップを消弧するようにすれば，過渡安定度を低下させないですむ．

上記の直列キャパシタについては，約15年前からスウェーデン，アメリカおよびロシアなどの超超高圧送電線に実用化され，わが国でも，九州電力の220kV中央幹線に設備されている．

なお，米国では，2回線送電線路の事故時に，故障区間の1回線遮断後に，たとえば線路中点の開閉所で直列キャパシタを投入し，故障回線遮断後の過渡安定度低下を抑制するばかりでなく，このような過渡時の伝達アドミタンスの増大を図り，過渡安定増進方法が考えられている．

5·12　原動機の調速機

発電機の出力を変動させないことは，とくに過渡安定度の低下を防止する大切な条件である．しかし，事故時には伝達アドミタンスの減少により，発電機の出力変動はやむをえないので，原動機から発電機への入力を抑制するために，原動機に調速機（speed governor）が備えてある．いうまでもなく，発電機速度を検知することによって，調速機を動作させるのであるが，最近その感度と動作遅れを少なくするのに，電気調速機（electric speed governor）が使われるようになったので，従来の機械調速機（mechanical speed governor）より，格段に精度が増してきた．したがって，過渡安定度の低下が著しくない．

蒸気タービンは，3 000～3 600回転/分という高速度であるので，調速機に加速度の大きさを加味した加速度調速機（acceleration governor）が使用されるものがある．過渡安定度に対し，この加速度調速機は，きわめて有効であるといえよう．

5・13　直交流系統の並列

　直流送電系統の制御は，すべて順逆変換器（いずれも現段階ではサイリスタ整流器）に対して行われるのであるが，きわめて迅速であるので，既設の交流系統と並列にすれば，交流系統に事故があった場合，交流系統の出力に急変が生じ交流系統の安定度が低下するので，並列直流系統の出力を増すよう制御すれば，電源発電機の過渡的出力低下を起こさないから，全系統としての過渡安定度を高めることができる．

5・14　安定度向上の間接的対策

　まず考えられるものに，次のようなものがある．
　(a) フラッシオーバ防止と消弧法　　これに対しては，架空地線および埋設地線施設の適正化，避雷器（lightning arrester）の動作特性に対する一層の改善が期待される．また，2回線送電線路については，直列にそう入する万能消弧コイルや，途中開閉所の回線間連絡母線に入れるキャパシタなどの考案もある．
　(b) AVRの高速度応答化　　新規採用の同期機には，きわめて高速度応答のものが採用されるけれども，旧施設の同期機AVRは必ずしもそうでないから，これらを全面的に改善する要がある．
　(c) 負荷遮断に対する用意　　系統に事故が発生した場合，系統分離継電器を活用して，事故範囲を極少にするばかりでなく，残余の系統はその負荷と見合った電源出力でなければならない．この場合，電源と負荷が平衡できない見通しがあれば，適切な対策を講じ，負荷の1部遮断を考えるべきであろう．
　(d) 相差角の測定　　送受両端電圧間相差角を指示計ないし計数計化を試み，一定限度の相差角に達したならば，適当な電源予備力（spinning reserve）を稼動させるなどの方法を採るべきであろう．
　(e) 予備力の急速参加　　予備電源の配置を十分用意して，急速に参加可能を考慮すべきである．
　(f) 送電電圧の上昇　　送電電力は電圧の約2乗に比例すること，絶縁間隔の増大は，故障の発生を十分に抑制できるなど，運転各方面に利点を示す．
　(g) 地中線路化　　現在の架空線路の欠点は，主として雷撃による事故であるから，これを避けるものは地中線路にほかならない．
　以上数項を間接対策と記したが，そのいくつかは直接的と考えてもよいものがある．ただし，送電費に大きく影響を与えるものが多いので，十分な経済性を検討すべきは論をまたない．

演習問題

〔問1〕 わが国における送電系統は，近来ますます拡大強化される気運にあるが，この系統構成に当っては，電気技術上どんな点を，特に考慮しなければならないか説明せよ．

〔問2〕 次の□□□に適当な答を記入せよ．
　送電端に1個の同期発電機を，受電端に1個の同期電動機を有する送電系統がある．この系統の定態安定度は次の式で判定される．
$$\tan\theta_m = \frac{W_G + W_M}{W_G - W_M}\tan\beta_1$$
　ただし，W_G は発電機の□□□
　　　　　W_M は電動機の□□□
　　　　　θ_m は送受両端の同期機の□□□間の相差角
　　　　　β_1 は送受両端機器を含む送電系統の□□□の位相角

〔問3〕 電力系統において安定度を向上させるために，どのようなことを考慮しなければならないか．次の事項について答えよ．
　(a) 電線路の設計，(b) 系統の構成，(c) 機器の選定，(d) 制御方式の選定

〔問4〕 大電力を長距離に送電する場合，その送電系統の送電容量をなるべく大きくするために必要な方策を説明せよ．

〔問5〕 次の□□□に適当な答を記入せよ．
　長距離送電系統の安定度を向上するには，線路の□□□を減少すること，同期機の□□□リアクタンスを減少し□□□リアクタンスを増大すること，同期機に□□□方式を採用すること，および線路の故障を高速度で□□□することなどが考えられる．

〔問6〕 次の□□□の中に適当な答を記入せよ．
　送電線路を設計する場合，そのこう長により，送電容量を決定するおもな要素も異なってくる．すなわち，短距離のものでは電線の□□□，中距離のものでは□□□で決定されるが，長距離のものでは□□□で決定され，これを向上させるには，送電系統の□□□を減少することも一つの方法として考えられる．

〔問7〕 最近の大電力系統において，送電連系を行う場合の効果，および問題点について述べよ．

〔問8〕次の□に適当な答を記入せよ．

高速度再閉路方式には，□と□との2種類があり，これらは自動遮断器によって，故障発生後なるべく速やかに故障線または故障回線を遮断し，一定時間経過して□が消滅したとき，自動的に再び遮断器を投入する方式であり，送電系統の□度を高めようとするものである．再投入するまでの無電圧時間は，□ヘルツ程度である．

〔問9〕同期機の過渡安定度とは何か．また，これを増加するために有効な設計および使用上の手段を説明せよ．

〔問10〕電力系統における高速度再閉路方式について知るところを述べよ．

〔問11〕送電系統の安定度向上対策として考えられる方法を列挙し，これを概説せよ．

〔問12〕近年，わが国では，電気事業者の電力系統は急速に拡大したが，さらに電気事業者間で，超高圧による連系を行うようになった．大電力系統のこのような連系による利害損失と，その対策とについて説明せよ．

〔問13〕汽力発電所におけるタービン発電機の低励磁運転を行う場合，問題となる固定子端部の過熱現象を理論的に説明し，かつその対策について述べよ．

〔問14〕多数の電力系統の連系によって構成される大規模電力系統の1系統内に事故が発生した場合，これが大規模電力系統全体に波及拡大するのを防止し，供給の安定を確保するには，どのような対策が必要であるか述べよ．

〔問15〕大電源脱落時において，電力系統内の停電範囲を極力少なくするためには，どのような対策を考慮すべきかを説明せよ．

〔問16〕1発電所からこう長 l〔km〕の3相2回線の定電圧送電線路を通じ，無限大母線とみなされる受電端へ送電する1系統がある．この系統の定態安定極限相差角 θ〔度〕の算定式を誘導せよ．ただし，送電端電圧を E_s〔kV〕，受電端電圧を E_r〔kV〕，等価発電機容量および送受両端の変圧器容量をいずれも P〔kVA〕，それぞれのリアクタンスを x_g, x_s および x_r〔%〕，送電線定数としては直列インピーダンス $r+jx$（1線当たり Ω/km）のみを用い，また，発電機の単位慣性定数を H〔s〕とする．

〔問17〕二つの電力系統AおよびB間に，連絡送電線CD（こう長300km）を通じて電力の融通が行われているが，電力がある限度を超過すると脱調する．
連絡送電線の中央点Mの電圧および電流の脱調後における時間的変化を図示せよ．

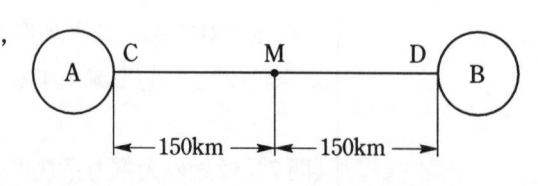

ただしAおよびBの両系統の電圧は154kV（線間電圧）で脱調後も不変とし，脱調前の位相差は60度とする．また，連絡送電線路の1線km当たりのリアクタンスは0.5Ωとし，抵抗およびキャパシタンスは無視する．

〔問18〕長距離送電線路の中性点の各種接地方法が送電系統の安定度におよぼす影響を論ぜよ．

〔問19〕送電端電圧E_s，受電端電圧E_rなる定電圧3相式送電線路がある．1線の抵抗がr〔Ω〕，リアクタンスがx〔Ω〕であるとき，受電端における電力Pと無効電力Qとの関係は，円線図で表わされることを証明し，円の中心の位置および半径を算出せよ．

〔問20〕長距離送電線路の安定度とは何か．

〔問21〕大電力系統において，送電の安定度を高める方法について説明せよ．

索引

英字

1回線遮断	21
1線地絡	22, 26
2線地絡	26
4端子送電系統	17
AVR	40

ア行

安定極限出力	42
安定限界円線図	44
インダクタンス	54
インピーダンス負荷	9
円方程式	43

カ行

過渡安定極限電力	3
過渡安定度	3, 34, 54, 57, 58
回転子漏れ磁束	53
慣性定数	56
基準ベクトル	12
機械角加速度	10
逆相電力	25
極限の急増負荷	21
固有安定度	5
故障等価インピーダンス	27
故障等価リアクタンス	56
故障等価正相インピーダンス	25
高圧母線連絡方式	61
高速度再閉路	22
高速度再閉路遮断器	57
高抵抗接地方式	22

サ行

自動電圧調整装置	4
遮断時間	57
受電端負荷	9
消弧リアクトル接地方式	59

水車発電機の出力円線図	45
制動巻線	55
正相電力	25
相差角の動揺周期	30
相差角変動	27
相差角変動式	36
相差角変動方程式	38
送電系統の安定度	1
送電線円線図	13
速応励磁方式	46

タ行

タービン発電機	40
タービン発電機の有効出力	41
ダイナミック・ブレーキング	58
多端子系統	17
脱調	2, 19
単位慣性定数	11
単位法	32
単相再閉路遮断	57
段々法	29
地絡事故	54
蓄積エネルギー	8, 10
中間調相機	62
中性点高抵抗接地方式	25
調相機	61
直接接地方式	59
直列キャパシタ	62
低リアクトル接地方式	59
低圧母線連絡方式	61
低励磁	4
低励磁運転	51
定磁束鎖交数定理	47
定態安定極限電力	3
定態安定度	2, 6, 11, 16
抵抗接地方式	59
伝達インピーダンス	21

索引

電動機のベクトル電力 14
電力円 13
電力円線図 6, 12
等面積法 23
動態安定限度 51
動態安定度 5, 40, 48
動揺 20
同期リアクタンス 9, 54
同期機の伝達関数 48

ハ行

発電機のベクトル電力 14
発電機の慣性定数 24
非線形2階微分方程式 34
微少相差角 ϕ の変化 16
不安定 8
負荷角特性 19
負荷抵抗 58
ベクトル電力 12
平均角速度 31
並列キャパシタ 62
変圧器の漏れリアクタンス 54
放電ギャップ 63

マ行

無効出力 42
無効電力損 41
漏れ磁束 52

ヤ行

余剰進み無効電力 51

ラ行

励磁機応答 46
励磁機応答比 46
励磁方式の伝達関数 49
リアクタンス 9

d-book
送電系統の安定度

2000年11月9日　第1版第1刷発行

著　者　　埴野一郎
発行者　　田中久米四郎
発行所　　株式会社　電気書院
　　　　　（〒151-0063）
　　　　　東京都渋谷区富ケ谷二丁目2-17
　　　　　電話　03-3481-5101（代表）
　　　　　FAX　03-3481-5414
制　作　　久美株式会社
　　　　　（〒604-8214）
　　　　　京都市中京区新町通り錦小路上ル
　　　　　電話　075-251-7121（代表）
　　　　　FAX　075-251-7133

印刷所　　創栄印刷株式会社
ⓒ 2000 Ichiro Hano　　　　　　　　　Printed in Japan
ISBN4-485-42931-8　　　　　　［乱丁・落丁本はお取り替えいたします］

〈日本複写権センター非委託出版物〉

　本書の無断複写は，著作権法上での例外を除き，禁じられています．
　本書は，日本複写権センターへ複写権の委託をしておりません．
　本書を複写される場合は，すでに日本複写権センターと包括契約をされている方も，電気書院京都支社（075-221-7881）複写係へご連絡いただき，当社の許諾を得て下さい．